SUMÁRIO

9 **PREFÁCIO DA AUTORA À EDIÇÃO BRASILEIRA**

21 CAPÍTULO 1
POR UMA INTELIGÊNCIA PÚBLICA DAS CIÊNCIAS
23   "O público" deve "entender" as ciências?
27   O que o público deveria entender?
30   As exigências dos conhecedores
34   A boa vontade não basta
39   A ciência no tribunal
42   De que se aproveitam os mercadores da dúvida
45   Inserção na cultura, inserção na política

49 CAPÍTULO 2
TER A FIBRA DO PESQUISADOR
51   O gênero da ciência
56   Os verdadeiros pesquisadores
62   A fábrica do "verdadeiro pesquisador"
70   Desmobilização?

79 CAPÍTULO 3
**CIÊNCIAS E VALORES:
COMO DESACELERAR?**

81 O poder da avaliação
86 Quem são os pares?
93 "A ciência", uma amálgama a dissolver
101 Contrastes
108 Simbioses
116 Desacelerar...

121 CAPÍTULO 4
**LUDWIK FLECK, THOMAS KUHN E O
DESAFIO DE DESACELERAR AS CIÊNCIAS**

149 CAPÍTULO 5
**"UMA OUTRA CIÊNCIA É POSSÍVEL!"
APELO POR UMA CIÊNCIA LENTA**

181 CAPÍTULO 6
**COSMOPOLÍTICA: CIVILIZAR
AS PRÁTICAS MODERNAS**

183 A intrusão de Gaia
190 Sem garantias
200 Ecologia política
203 Civilizar a política

211 Obras de Isabelle Stengers
215 Coleção Desnaturadas

Para o GECo.
Para Serge Gutwirth.
Para todos aqueles e aquelas que me
permitiram pensar que isto não é
uma simples utopia.

PREFÁCIO DA AUTORA À EDIÇÃO BRASILEIRA

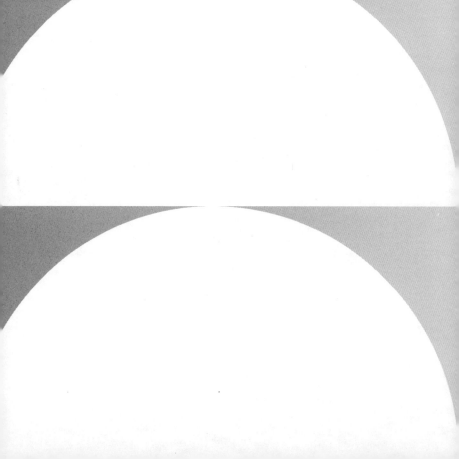

Dez anos se passaram desde a publicação de *Uma outra ciência é possível* e o possível de dez anos atrás tornou-se, hoje, uma necessidade sentida por muitos. Ainda assim, tal necessidade segue sumariamente ignorada pelas instituições que governam o que chamamos de "Ciência". Quando associei a ideia de uma "outra" ciência ao tema da desaceleração, sabia que isso não deveria ser confundido com a reivindicação nostálgica dos cientistas que protestavam contra o imperativo da produtividade e da corrida da inovação que, sob o nome de economia do conhecimento, domina atualmente o mundo acadêmico. No entanto, o perigo hoje, não restam dúvidas, é que as ciências sejam entendidas como aliadas intrínsecas do empreendimento de dominação e extração, cujas consequências ameaçam agora todos os viventes da Terra. É preciso, portanto, agir em duas frentes: resistir àqueles que desejam retornar a um passado em que se respeitava a ciência e àqueles que negam a possibilidade de um outro devir da ciência, capaz de torná-la uma aliada na luta por um futuro digno de ser vivido.

Certamente, aqueles que têm saudade do passado tinham razões, então, para se preocupar. Os sintomas patológicos associados ao imperativo da produtividade estão se multiplicando. As fraudes são abundantes, assim como o plágio e as gambiarras metodológicas. A questão da "integridade dos pesquisadores" se tornou um problema institucional, mas como resolvê-lo quando a própria instituição encoraja a trapaça, exigindo respostas imediatas e não deixando espaço para a pesquisa tateante que uma pergunta exige? A avaliação puramente quantitativa – ou seja, cega – das publicações é também uma receita extremamente eficaz para favorecer a superficialidade e as pretensões irresponsáveis. Em suma, a "Ciência" vai mal, e podemos compreender essa nostalgia por um passado, em sua maior parte, idealizado. Todavia, podemos entender também que, para outros, a situação atual apenas revela uma verdade já conhecida. E este livro lhes dá certa razão. Desde o século XIX, quando a história passa a ser situada sob o signo do progresso, institui-se uma ciência "rápida", mobilizada pelo dever de fazer o conhecimento "avançar", como um exército para o qual tudo aquilo que poderia desacelerar sua marcha é visto como obstáculo.

Reivindicar uma "desaceleração das ciências" significa, portanto, interrogar essa mobilização e, também, aquilo que os cientistas mobilizados definem como "obstáculo ao avanço do conhecimento". Significa questionar o ideal de cientificidade que legitima a rapidez e tentar fazer com que os próprios cientistas sintam a violência e a ignorância da qual acabam tomando partido. Anos após eu ter escrito este livro, a antropóloga Anna Tsing fez esse questionamento de forma admirável. Em seu belo livro *O cogumelo do fim do mundo*,[1] ela definiu este ideal por meio da noção de "escalabilidade". Para ser reconhecido como científico, é necessário que um conhecimento seja válido em todas as escalas, o que também quer dizer independente das

---

1 A. L. Tsing, *The Mushroom at the End of the World:* on the Possibility of Life in Capitalistic Ruins. Princeton University Press, 2015. [Ed. bras.: *O cogumelo do fim do mundo*: sobre a possibilidade de vida nas ruínas do capitalismo, São Paulo: n-1 edições, 2022.] (N.T.)

circunstâncias, dos encontros, das criações de relação. Assim como um exército mobilizado "deve poder" passar por qualquer obstáculo, um "verdadeiro" objeto científico "deve poder" ganhar escala – isto é, ser extraído de seu mundo, o qual é definido pelas condições gerais suficientes para reproduzi-lo. Esse imperativo também exige que se condene como anedóticos, não reprodutíveis, certos comportamentos de seres que, no entanto, mostram-se capazes de coisas muito diferentes quando "lhes fazemos as perguntas certas",[2] para falar como Vinciane Despret. Para as ciências rápidas, levar a sério aquilo que é tratado como passível de ser eliminado demonstraria falta de entendimento do que "a Ciência" requer.

A pergunta sobre o que é eliminado pode dizer respeito a dimensões políticas (quem ganha com essa eliminação?), epistêmicas (que ignorância essa eliminação produz?) e ontológicas (que relação com seres humanos e não humanos essa eliminação produz?). Mas essas dimensões estão conectadas, o que se torna evidente toda vez que se organiza alguma forma de resistência contra a "racionalização" do mundo. É especialmente política a recusa de transformações sociotécnicas por seus aspectos socialmente nocivos quando elas são apresentadas por cientistas como "racionais", pretensamente trazendo uma solução enfim objetiva a um problema de interesse comum. Esse foi o caso na Europa, com os Organismos Geneticamente Modificados (OGM). Nessa situação, porém, a resistência não se limitou à dimensão política (restringindo-se, por exemplo, ao questionamento da lógica das patentes e da industrialização da agricultura). Uma coalizão de contestações tornou possível esquivar-se da acusação de fazer

---

2 Stengers se refere à obra de Vinciane Despret, *O que diriam os animais? Fábulas científicas*, São Paulo: Ubu Editora, 2021. Na coleção Desnaturadas, lançamos, da mesma autora, *Autobiografia de um polvo e outras narrativas de antecipação*, Rio de Janeiro: Bazar do Tempo, 2022. (N.T.)

oposição ao "progresso" por razões irracionais, conservadoras ou ideológicas. Aqueles que apresentaram sua oposição souberam conectar o político ao epistêmico e mostrar que os biólogos defensores dos OGM demonstravam ignorância e/ou uma ingenuidade irresponsável quando falavam cheios de certezas sobre o que não sabiam: isto é, as consequências sociais, assim como ecológicas, que distinguem os OGM "escaláveis" estudados no laboratório desses biólogos e os OGM semeados repetidamente em centenas de milhões de hectares. A Europa escapou dessas consequências, ao contrário do resto do mundo.

Hoje, enquanto o planeta inteiro enfrenta desastres sociais e ecológicos cada vez mais graves e numerosos, a dimensão ontológica está posta em toda sua amplitude. Pois aquilo que os políticos atuais exigem da "Ciência" para "salvar o planeta" são soluções "globais" – a substituição total dos combustíveis fósseis pela energia elétrica, por exemplo –, cegas às consequências, e isso em nome da grandeza escalável por excelência: a quantidade de gases de efeito estufa emitida globalmente. Enquanto o conjunto de saberes e práticas locais, não escaláveis, deveria ser ativado diante da ameaça comum das mudanças climáticas, o que é de fato mobilizado remete aos mesmos poderes que colonizaram o planeta e fabricaram a ontologia dualista que deu ao "Homem" a liberdade de domesticar e explorar os mundos desses saberes e práticas.

Na Europa de hoje, muitos de nós deixaram de sorrir com tolerância quando os povos da América Latina e da Nova Zelândia reconheceram os direitos dos seres que nós historicamente tratamos como produto de simples crenças. Sentimos que devemos reaprender a pensar e a agir, de um modo que afirme nossa dependência ao que não somos capazes de controlar ou reduzir a "recursos". Porém, sem termos uma tradição coletiva a reativar, essa reaprendizagem de uma ontologia não dualista corre o risco de ser artificial, uma espécie de "exotismo a nível mundial", se não se conectar com movimentos de resistência, tanto políticos quanto epistêmicos.

Quando escrevi *Uma outra ciência é possível*, pensava sobretudo nessa dupla resistência. Como tornar pesquisadores capazes de escutar e compreender aqueles que eles aprenderam a desqualificar, o público "que não entende a 'Ciência'" e, supostamente, opõe interesses subjetivos aos critérios objetivos dos cientistas? Desde aquela época, a situação se agravou. Com a pandemia recente, uma boa parte do público rebelou-se e acusou os cientistas de estarem corrompidos, de os estarem enganando, de servirem apenas aos interesses da indústria. No entanto, foi a maneira como os governos se valeram das recomendações dos cientistas para impor medidas autoritárias e escaláveis, exigindo a obediência de cada um, que envenenou a situação, e não a inteligência coletiva. Isso porque os "critérios objetivos" apresentados ofendiam a dignidade e a capacidade de pensar daqueles sobre quem se impunham as proibições e a quem privavam de toda possibilidade de agir. Podemos falar aqui do "círculo vicioso" da expertise que pode afetar as relações entre as ciências e a tomada de decisão política. Os especialistas poderiam ter dito com toda honestidade: "não sabemos o que está acontecendo, estamos aprendendo", mas muitos deles pensaram que, para não deixar o público em pânico, deveriam dar a entender que sabiam o que fazer e permitir que os Estados se valessem de sua autoridade. No entanto, o círculo vicioso instalou-se dessa maneira: quando as instruções e previsões mudam, o público pode acabar perdendo a confiança nesse suposto saber, ou mesmo recusar-se a atribuir qualquer confiabilidade a qualquer saber científico. E, desse modo, o público termina por confirmar a irracionalidade que os cientistas lhe imputam.

No entanto, atualmente, são os pesquisadores e engenheiros que estão se rebelando. Eles se recusam a participar da mentira política encarnada na promessa de inovações sociotécnicas que responderão à ameaça climática (um "bom" Antropoceno). Alguns participam de ações de desobediência civil para alertar o público. Outros mudam de trajetória e tentam encontrar outros ofícios ou atividades que façam mais sentido para eles. Outros, ainda, formam associações que buscam compartilhar conhecimento com os grupos impactados pelas mudanças. Esta última decisão responde, à sua própria maneira, ao tema do "aterramento" das ciências e das técnicas, popularizado por Bruno Latour em *Onde aterrar?*[3] mas também a essa "outra ciência", cuja possibilidade eu defendo neste livro. De fato, compartilhar não significa "explicar" ou "comunicar", mas sim aprender com os outros, graças aos outros e arriscando com os outros como colocar um problema "terrestre", isto é, irredutível, às exigências da escalabilidade. E isso exige que os cientistas "desacelerem", que aprendam a levar a sério aquilo que sua ciência elimina para "fazer avançar" o conhecimento. Eles devem aceitar que aquilo que é eliminado pode interessar a outros de uma maneira não "subjetiva", mas "vital". Eles devem perceber que seus próprios saberes precisam ser situados por outros saberes, que respondem a outras perguntas.

Falar de uma "outra ciência" significa apostar que as ciências não são definidas por uma ontologia dualista, e que as técnicas que elas tornam possíveis podem se tornar sensíveis a questões de escala, circunstância e uso. Significa apostar que o que se chamou de "racionalidade científica" é – assim como a insen-

---

3 *Où atterrir? Comment s'orienter en politique*, Paris: La Découverte, 2017. [Ed. bras.: *Onde aterrar?* Como se orientar politicamente no Antropoceno, Rio de Janeiro: Bazar do Tempo, 2020.]

sibilidade dos exércitos mobilizados aos danos que causam – um produto historicamente situado que diz respeito à formação, ou melhor, "adestramento" dos cientistas, um produto do que chamamos de "disciplina". Os cientistas e técnicos que estão mudando de profissão confirmam isso quando se qualificam como "desertores": o que eles estão abandonando é o que lhes impunha a exigência de não perder tempo.

Para que uma outra ciência seja possível, no entanto, não bastam iniciativas "interdisciplinares" que ocorrem isoladamente e com o respeito mútuo das fronteiras disciplinares. Trata-se de aceitar o experimento do encontro, em torno de uma situação que lhes concerne, com outros protagonistas, cujos saberes diferem e não respondem aos critérios das ciências. O que não significa que os cientistas devem estar "abertos" a esses outros ou que devam acolher tudo, tendo a pretensão de compreender tudo. O experimento para os pesquisadores consiste em aceitar não estar no centro do encontro, aceitar serem situados por esses outros, aprender com eles aquilo que negligenciam e eliminam, sem usar como proteção categorias como objetividade ou racionalidade. Trata-se de dar a uma situação terrestre, irredutível a um objeto disciplinado, o poder de fazer hesitar, pensar e aprender conjuntamente. Colocar no centro de um encontro a aprendizagem daquilo que a situação exige está ligado a uma ontologia pragmática e situada, em que nenhum saber possui uma validade geral, apenas enquanto situado por essa exigência.

Uma outra ciência é possível, mas ela exige a rebelião contra o conjunto dos meios pelos quais as instituições atuais desencorajam estudantes e pesquisadores a fazer "más perguntas", perguntas que não fazem "avançar o conhecimento" porque questionam o sentido do que lhes foi ensinado, do que é privilegiado, do que é negligenciado ou desprezado. Uma outra ciência é possível e ela responderia a uma outra definição da racionalidade: será chamado de racional aquilo que vise entender o que uma situação exige e a se tornar capaz de responder a essa exigência. Desse modo, no que diz respeito às ciências, a racionalidade exigiria, por exemplo, uma avaliação – feita não apenas por pares, mas também por outros igualmente concernidos – daquilo que um pesquisador aprendeu com as hesitações e testes que encontrou quando deixou o espaço seguro de sua disciplina. Ela exigiria uma rede de publicação em que essas aprendizagens fossem relatadas e pudessem ser discutidas e citadas da mesma maneira como são relatados, discutidos e citados os resultados de uma pesquisa clássica que só interessa à disciplina; elas não seriam tratadas como avanços, mas sim como experiências de aprendizagem sempre situadas. Ela exigiria que os *experts* reencontrassem o que esse termo significa em sua origem: pessoa com experiência, capaz de transmitir o que aprendeu dessa experiência. E exigiria ainda, sem dúvidas, que as ciências rompessem os laços privilegiados que foram tecidos, sob o signo do progresso, com as razões do Estado nacional ou supranacional e das empresas. Pois são as razões desses aliados tradicionais das ciências desde o século XIX que privilegiam a ontologia dualista das ciências mobilizadas. O que interessa a esses aliados, acima de tudo, é o poder conferido pela escalabilidade: fazer produzir e fazer calar.

NOTA DOS COORDENADORES DA COLEÇÃO

Esta obra é uma tradução do original em francês *Une autre science est possible! Manifeste pour um ralentissement des sciences* (Découverte, 2013). O capítulo 4, no entanto, foi acrescentado pela autora na ocasião da tradução para o inglês, *Another Science is Possible: a Manifesto for Slow Science* (Polity Press, 2018). Além dele, também o capítulo 5 foi traduzido a partir da edição inglesa, conforme orientação da autora. Finalmente, agradecemos profundamente a Isabelle Stengers pelo prefácio original escrito para esta nossa edição brasileira.

Este texto é uma versão modificada de um artigo publicado em *Alliage*, n. 69, de outubro de 2011, p. 24-34.

CAPÍTULO 1

POR UMA INTELIGÊNCIA PÚBLICA DAS CIÊNCIAS

"O PÚBLICO" DEVE "ENTENDER" AS CIÊNCIAS?

Nossos amigos anglófonos falam de *public understanding of science* [entendimento público da ciência]. Mas o que significa entender (*understand*) aqui? Para muitos, todo cidadão deveria ter um mínimo de "bagagem científica" (ou *literacy)*,[1] a fim de entender o mundo no qual vivemos e, especialmente, para aceitar a legitimidade das transformações deste mundo que as ciências tornam possíveis. De fato, quando há resistência pública em relação a alguma inovação defendida por cientistas, como no conhecido caso dos OGM,[2] o diagnóstico habitual faz referência a essa falta de entendimento. Segundo tal diagnóstico, o público não entenderia que a modificação genética das plantas não é "essencialmente" diferente do que os agricultores vêm fazendo há milênios; ela é apenas mais eficaz e mais rápida. Outros exigem, antes de mais nada, um entendimento dos

---

1 O termo em inglês *literacy* remete à capacidade de ler e escrever. Na passagem, trata-se de uma capacidade mais especializada, a *scientific literacy*, o que se chamaria em português de "letramento científico", entendido como a capacidade de fazer uso de conhecimentos científicos em situações diversas. (N.T.)

2 Organismos Geneticamente Modificados. A sigla é a mesma em francês e português, também traduzido neste livro como transgênicos, termo mais comum no contexto brasileiro. (N.T.)

métodos que garantem a "cientificidade". Isso porque o público tampouco entenderia que há perguntas que não cabem aos cientistas fazer, ele tenderia a misturar "fatos" e "valores". Não se trata, certamente, de negar aos cidadãos o direito de aceitar ou recusar uma inovação, mas eles não deveriam fazê-lo senão por razões sólidas, sem confundir os fatos científicos com suas próprias convicções ou valores.

Com frequência, tal necessidade de aprendizado das ciências é igualmente fundamentada no fato de que a observação atenta, a formulação de hipóteses e sua verificação ou refutação não estão na base apenas da construção dos saberes científicos, mas de todo procedimento racional. As ciências são, portanto, um modelo que cada cidadão poderia seguir em sua vida cotidiana.

Esses argumentos justificam o que é hoje uma verdadeira "palavra de ordem" das autoridades públicas diante da relativa desconfiança, ou ceticismo, de muitos cidadãos em relação ao caráter benéfico do papel dos cientistas em nossas sociedades: "é preciso reconciliar o público com sua ciência". O possessivo "sua" implica aquilo que o ensino usual das ciências na escola tenta fazer entender: que o raciocínio científico pertence por direito a todos, no sentido em que, confrontados com os mesmos "fatos" que Galileu, Darwin ou Maxwell, cada um de nós teria sido capaz de chegar às mesmas conclusões.

Certamente, basta um mínimo de experiência com a história das ciências ou com as ciências "tais como são praticadas" para concluir que o ser racional anônimo que chegaria a essas "mesmas conclusões" é apenas o correlato da "reconstrução racional" de uma situação da qual foi eliminada toda razão para hesitar, na qual os fatos "gritam" literalmente a conclusão que eles impelem com toda a autoridade desejável.

De todo modo, as situações experimentais, reconstruídas ou não, são muito diferentes daquelas com que nos confrontamos enquanto cidadãos. Para estas, eu empregaria o termo "questão de interesse" [*matter of concern*] proposto por Bruno Latour – termo feliz (embora difícil de traduzir) que pede, ao contrário daquilo que se apresenta como "questão de fato" [*matter of fact*],[3] que nós pensemos, hesitemos, imaginemos, tomemos posição. Certamente, poderia-se dizer "matéria de preocupação", e Félix Guattari falava em "matéria de opção";[4] mas *concern* tem a vantagem de comunicar preocupação e opção junto com a ideia de que, antes de ser objeto de preocupação ou de escolha, há situações que nos concernem que só podem ser caracterizadas propriamente se "nos sentirmos concernidos". Em outras palavras, não se trata de, no caso delas, colocar a pergunta sobre o que alguns chamariam de sua "politização". Longe de ser a ocasião, mais ou menos arbitrária ou contingente, para a expressão de um engajamento político, são tais situações que requerem dos envolvidos o poder de fazer pensar, de recusar toda evocação

---

3 Latour e Stengers utilizam o termo corrente em inglês *matter of fact*, traduzido aqui como "questão de fato", para se referir àquilo que é apresentado ou experienciado, especialmente dentro do discurso científico, como um fato dado, independente dos desejos, vontades ou preocupações de qualquer sujeito externo ao processo de proposição e ratificação de tal fato. Em contraste, *matter of concern* aponta para uma indefinição decorrente de uma controvérsia ou heterogeneidade de posições em torno de uma determinada questão. O termo é preferencialmente traduzido como "questão de interesse" neste livro mas, devido às diferentes traduções possíveis para *concern*, por vezes o termo é traduzido como "questão de preocupação", quando mais adequado ao contexto em que aparece. Importante notar que o peso conceitual desse termo também pode se sentir no uso adjetival *concerned*, o qual é traduzido de diferentes maneiras, tais como concernido, implicado etc. Essa situação de traduções flutuantes ocorre igualmente em francês, língua em que Latour e Stengers escrevem, na medida em que o termo em inglês tampouco possui tradução única naquela língua. (N.T.)

4 Em francês, os termos utilizados por Guattari são *matière à préoccupation* e *matière à option*. Nos dois casos, traduziu-se *matière* como matéria para evitar a similaridade com as traduções dos termos *matter of fact* e *matter of concern*. (N.T.)

de questões de fato que supostamente levariam ao consenso. Sendo assim, se há uma pergunta a fazer, é a seguinte: como essas situações têm sido tão frequentemente separadas daquilo que elas, no entanto, exigem?

Para retomar o caso dos transgênicos, eles constituem uma questão de interesse totalmente distinta dos OGM de laboratório, com os quais os biólogos trabalhando nesses lugares bem controlados se preocupam. Os transgênicos cultivados em milhares de hectares impõem perguntas tais como as das transferências genéticas e dos insetos resistentes aos pesticidas, perguntas que não podem ser feitas no laboratório, sem falar de outras, como a sujeição das plantas modificadas ao direito de patente, a perda ainda maior de biodiversidade ou o uso extensivo de pesticidas e fertilizantes.

É próprio de uma questão de interesse recusar a ideia de que há "a" solução correta e impor escolhas frequentemente difíceis, exigindo um processo de hesitação, de coordenação e de vigília atenta, e isso apesar dos protestos dos empreendedores, os quais têm pressa e exigem que tudo aquilo que não é proibido seja permitido. Mas também apesar da propaganda e, não raro, da expertise científica que, muitas vezes, apresentam uma inovação como "a" solução correta "em nome da ciência". É por isso que eu oporia à noção de entendimento uma de inteligência pública das ciências, uma relação inteligente a ser criada não apenas com as produções científicas, mas também com os próprios cientistas.

O QUE O PÚBLICO DEVERIA ENTENDER?

Falar de inteligência pública é sublinhar, de início, que não se trata de se indignar, de denunciar ou de transformar em inimigos públicos número um, por exemplo, os biólogos que apresentaram os transgênicos como "a" solução racional e objetiva para o problema da fome no mundo. Se uma inteligência pública é necessária, a razão deve ser buscada sobretudo no que o próprio fato de que eles puderam, sem qualquer receio, tomar esse tipo de posição significa. Se deixamos de lado a hipótese da desonestidade e do conflito de interesses, como entender que a formação e a prática dos pesquisadores possam se combinar a uma ingenuidade arrogante, totalmente desprovida do espírito crítico do qual eles se vangloriam tão frequentemente? Como explicar também que o conjunto da comunidade científica não se escandalize pública e abertamente diante desse abuso de autoridade?

Muito pelo contrário, poderíamos dizer. Lembremo-nos dessa passagem do relatório de síntese dos Estados Gerais da Pesquisa em 2004, em que os pesquisadores foram explícitos quanto ao que o público deveria entender:

> os cidadãos esperam da ciência a solução para problemas sociais de toda natureza: o desemprego, o esgotamento

do petróleo, a poluição, o câncer... O caminho que conduz à resposta a essas perguntas não é tão direto quanto faz crer uma visão programática da pesquisa científica. [...]. A ciência só pode funcionar elaborando ela mesma suas próprias perguntas, protegida da urgência e das distorções inerentes às contingências econômicas e sociais.[5]

Essa citação provém de um relatório coletivo, não de uma elocubração individual. E os pesquisadores reunidos não apenas atribuem aos cidadãos a crença de que a ciência pode resolver um problema como o desemprego: eles parecem lhes dar razão. A ciência poderia, aparentemente, trazer tal solução, desde que, e somente sob a condição de que, estivesse livre para formular ela mesma suas perguntas, protegida da urgência e de uma "deformação" considerada inerente ao que seria "contingente" – as preocupações econômicas e sociais. Em outras palavras, as soluções autenticamente científicas transcenderão tais contingências e poderão, portanto, ignorá-las (tal como os biólogos que enaltecem os OGM ignoraram as dimensões econômicas e sociais da questão da fome no mundo).

Em suma, o que chamei de questões de interesse é ali caracterizado como "distorção", enquanto a solução trazida pela "ciência" será entendida como um problema finalmente bem formulado. Assim, os cidadãos têm razão em confiar na ciência, mas precisam saber esperar e entender que os cientistas têm a obrigação de permanecer surdos a seus gritos e pedidos ansiosos.

De fato, em 2004, os pesquisadores não se dirigiam aos cidadãos: passando por cima deles, dirigiam-se às autoridades públicas responsáveis pela política científica ou, mais especificamente, pela redefinição de tal política nos termos da

5 Passagem publicada em *Le monde*, 22 dez. 2004, p. 18.

"economia do conhecimento". O protesto daqueles cientistas retomava o tema batido da galinha dos ovos de ouro – mantenha a distância, alimente-a sem fazer perguntas, senão você a matará e seus ovos serão perdidos. É claro, como é sempre o caso com a galinha, a pergunta "para quem os ovos são de ouro?" não é feita, e o caráter geralmente benéfico do progresso científico é tratado como dado. A pequena pergunta sobre por que esse progresso pode hoje ser associado a um "desenvolvimento insustentável" não será feita.

Eu não acho que os cientistas são "ingênuos", como galinhas sob o ventre das quais tiraríamos um ovo ou outro para lhe atribuir um novo valor, pelo serviço prestado à humanidade. Eles sabem perfeitamente atrair o interesse daqueles que podem fazer ouro com seus resultados. Eles também sabem que a economia do conhecimento marca a ruptura do compromisso que lhes garantia o mínimo de independência vital em seu trabalho. Mas isso eles não podem dizer em público, pois temem que, se o público partilhar de seu conhecimento sobre como a ciência "é feita", perderá a confiança e reduzirá as proposições científicas à simples expressão de interesses particulares. "As pessoas" devem continuar a acreditar na fábula de uma pesquisa "livre", animada unicamente pela curiosidade e empenhada em desvendar os mistérios do mundo (esse tipo de guloseima com a qual tantos cientistas de boa vontade tentam seduzir almas infantis).

Assim, os cientistas têm boas razões para estarem inquietos, mas não podem admiti-lo. Eles não podem mais denunciar aqueles que os alimentam, assim como pais não podem brigar na frente dos filhos. Nada deveria romper a crença confiante na Ciência, nem incitar "as pessoas" a se meterem em questões que, de todo modo, elas não são capazes de entender.

AS EXIGÊNCIAS DOS CONHECEDORES

Se faz sentido desenvolver uma inteligência pública a respeito das ciências, é por causa desse distanciamento sistemático, que interessa tanto à instituição científica quanto ao Estado e à indústria. Mas nós também não devemos ser ingênuos. Não devemos criar, em oposição à figura do público infantil que precisa ser tranquilizado, a de um público ponderado, confiável e capaz de participar das questões que lhe concernem. Uma primeira maneira de não sermos ingênuos é lembrar, sempre e de novo, como Jean-Marc Lévy-Leblond não cessou de fazer, que a questão da capacidade ou da incapacidade diz respeito também aos próprios cientistas. Quando ele escreveu "se esses irmãos inimigos, o cientificismo e o irracionalismo, prosperam hoje, é porque a ciência inculta se torna culta ou oculta com a mesma facilidade",[6] ele não falava apenas do público, mas também, e talvez sobretudo, dos próprios cientistas. Dito de outro modo, se deve haver uma inteligência pública das ciências, uma relação inteligente – ou seja, interessada, mas lúcida – com elas, essa inteligência concerne tanto aos cientistas quanto "às pessoas", todos vulneráveis à mesma tentação.

6 J.-M. Lévy-Leblond, *L'esprit de sel*, Paris: Seuil, 1984, p. 97.

O que Lévy-Leblond chama de cultura em termos de ciência, o sabemos, não deve ser confundido com o que nossos amigos anglo-saxões chamam de *"literacy"*: saber alguma coisa sobre as leis físicas, os átomos, o DNA etc. Como é o caso no esporte, na música ou na informática, uma cultura ativa implica a produção conjunta de especialistas e de conhecedores informados, capazes de avaliar o gênero da informação que lhes é dada, de discutir sua pertinência, de distinguir entre a simples propaganda e a aposta arriscada. A existência de tais conhecedores (ou amadores) constitui um meio bastante exigente para os especialistas, que se veem constrangidos a manter uma relação "culta" com aquilo que propõem – eles sabem o perigo de não mencionar pontos fracos, pois aqueles e aquelas a quem eles se dirigem prestarão atenção tanto no que é afirmado quanto no que é negligenciado ou omitido.

Retomo aqui, portanto, o "grito" de Lévy-Leblond: "não há amadores da ciência",[7] pois ele oferece outra maneira de entender a questão da inteligência pública das ciências. Não se trata de fazer a pergunta geral "o público é capaz?", mas de afirmar que, de todo modo, ele não possui os meios de sê-lo. A "confiança indiferente" desse público que os cientistas acreditam que devem proteger contra as dúvidas indica, antes de mais nada, a inexistência de um meio constituído por conhecedores exigentes, capazes de compelir os cientistas a tomar cuidado com seus juízos normativos a respeito do que conta e do que é insignificante, bem como a apresentar seus resultados de modo lúcido, isto é, oferecendo respostas que situem tais resultados em relação a perguntas precisas, em vez de respostas a algo que seria objeto de um interesse mais geral. Se esse meio existisse, os pesquisadores signatários do relatório de 2004 teriam pensado duas vezes antes de escrever o que escreveram.

7 Idem, p. 94.

Escusado dizer que a questão não é formar um público em que cada um seria "conhecedor" de todos os domínios científicos, uma espécie de amadoriado[8] generalizado. Mas poderia ser o caso de contar com um "amadoriado distribuído", uma multiplicidade de conhecedores densa o suficiente para que aqueles que não são conhecedores de um domínio saibam que, uma vez que tal domínio venha a lhes interessar, eles podem abordá-lo de maneira inteligente, graças ao ambiente de conhecedores já formado em torno dele. Tampouco é preciso dizer que o "conhecedor", aqui, não tem nada a ver com o autodidata – em particular com esses autodidatas que os cientistas (e mesmo uma filósofa, como eu) conhecem bem porque, coitados, procuram desesperadamente fazer com que sua solução a algum grande problema seja reconhecida (ou, ao menos, que sua contestação seja ouvida). Os conhecedores não defendem saberes "alternativos", buscando reconhecimento profissional. Mas seu interesse pelos saberes produzidos pelos cientistas é distinto dos interesses dos produtores desses saberes. É por isso que eles podem avaliar a originalidade ou pertinência de uma proposição, mas também prestar atenção às questões ou às possibilidades que, embora não tenham desempenhado um papel na produção dessa proposição, poderiam ser importantes em outras situações. Dito de outro modo, os conhecedores podem desempenhar um papel crucial, que deveria ser reconhecido por todos aqueles para quem a racionalidade

---

8 Tradução sugerida para *amatorat*, termo de Bernard Stiegler utilizado por Jean-Marc Lévy-Leblond para descrever uma classe ou comunidade de amadores, possíveis aliados das ciências e dos cientistas. Nesse caso, os amadores são aqueles interessados em algum domínio da ciência, muitas vezes por meio do que se chama de "ciência cidadã", seja por uma relação considerada "tradicional" com relação ao tema em questão – por exemplo, a agricultura campesina –, por um impacto contigente – como associações que se dedicam aos afetados por alguma doença ou acidente provocado por uma aplicação ou negligência tecnológica –, ou por alguma outra razão. (N.T.)

importa. Agentes de uma resistência às pretensões dos saberes científicos a uma autoridade geral, eles participariam na produção daquilo que Donna Haraway[9] chama de "saberes situados".

9 Donna Haraway (1944-) é uma filósofa estadunidense que se dedica a pensar as ciências e os saberes; as maneiras como eles dão forma a mundos diversos; e os cruzamentos das práticas científicas com opressões de gênero, raça, classe e espécie. Desde a década de 2000, Haraway e Stengers mantêm uma viva troca de conhecimento. (N.T.)

A BOA VONTADE NÃO BASTA

Nestes tempos em que prevalece a economia do conhecimento, os cientistas poderiam sentir necessidade dessa inteligência pública capaz de irrigar um meio de conhecedores. Assim como a ciência inculta pode facilmente se tornar culta ou oculta, a confiança indiferente pode resvalar em desconfiança e hostilidade, e isso ocorre mais facilmente na medida em que os vínculos orgânicos entre pesquisa e interesses privados estão cada vez mais densos e os escândalos de conflitos de interesses cada vez mais numerosos. Assim, os cientistas que lutarão para conservar um mínimo de autonomia não poderão se contentar com apelos para "salvar a pesquisa". Eles deverão ousar dizer do que é necessário salvá-la, deverão tornar pública a maneira como são incitados, ou mesmo constrangidos, a se tornar simples fornecedores de oportunidades industriais. E precisarão de uma inteligência pública capaz de ouvi-los.

Seria necessário, todavia, saber merecer o apoio do qual esses cientistas precisarão, o que não acontecerá se não souberem ouvir e levar a sério os questionamentos e objeções que hoje eles frequentemente associam a opiniões de quem "nada entende de ciência". Desse ponto de vista, é bastante frustrante e preocupante que os agrônomos, biólogos de campo, especialistas da genética populacional e tantos outros especialistas, inicialmente excluídos das comissões que tratavam dos transgênicos e dos riscos a eles associados, não tenham afirmado explicitamente sua dívida com aqueles graças aos quais sua voz vem sendo, desde então, mais ou menos levada em conta. Foram os grupos contestadores que souberam impor às autoridades públicas uma relação um pouco mais lúcida quanto aos OGM e que, em um nível mais geral, produziram a inserção desses outros na cultura política, social e científica.

É aqui que entra em questão o próprio *ethos* dos cientistas, especialmente sua desconfiança diante de qualquer risco de "mistura" entre o que acreditam ser "fatos" e "valores". E essa desconfiança profundamente inculcada é bastante diferente de uma simples ignorância, a qual poderia ser remediada com aulas de epistemologia ou de história das ciências. Minha experiência como professora me fez entender que a maioria dos estudantes matriculados nas ciências ditas "duras" estava bem decidida, uma vez passados os exames finais, a esquecer das aulas. Isso não surpreende, já que, ao se matricularem em cursos das "ciências duras", sua escolha não é motivada primariamente pela "curiosidade", pelo "desejo de descobrir os mistérios do universo" (e a maioria dos estudantes que vêm buscando fazer isso entende rapidamente o mal-entendido), mas sim, talvez, pela imagem das ciências veiculadas pela cultura escolar. As ciências, eles aprenderam, permitem "colocar bem" os problemas, e, portanto, oferecer-lhes "soluções corretas". Uma solução correta não se discute; ela simplesmente se verifica, calando aqueles que confundem tudo com seu papo-furado. Tal imagem, claro, é altamente seletiva. Aqueles que escolhem os estudos científicos estarão propensos a tolerar as aulas que julgam "papo-furado", mas não a considerá-las como parte crucial de sua formação – o que muitos de seus "verdadeiros" professores não deixarão de confirmar, por meio de caras e bocas, sorrisinhos e sábios conselhos sobre a importância de não "se deixar dispersar". Certamente, todo cientista digno do nome se prontificará em provar sua lealdade aos princípios epistemológicos que tratam dos limites dos saberes e das condições de sua validade, mas o fará apenas de maneira formal, pois esses princípios serão esquecidos assim que surgir uma situação na qual seu saber aparecerá como capaz de oferecer uma solução "apropriada", enfim "racional", a uma pergunta que havia atiçado o papo-furado. Sublinhar que esse *ethos* dos cientistas implica na rejeição dos saberes culturais é dizer o óbvio, já que os amadores podem ser identificados como os cheios de papo que, ao se apossarem das soluções apropriadas, as mergulham novamente em um mundo de discussões sem propósito.

Se é vão nutrir a esperança de que lições de epistemologia e história das ciências possam transformar essa situação, uma experiência realizada ao longo de três anos na Universidade de Bruxelas[10] me fez entrever uma outra possibilidade. Por meio de um dispositivo que fazia estudantes de ciência se confrontarem com situações de controvérsias sociotécnico--científicas, era-lhes atribuída a responsabilidade de explorar tais controvérsias recorrendo à internet e descobrindo, à sua maneira e sem um método predeterminado, os argumentos em conflito e as verdades parciais,[11] bem como a vasta gama de fatos mobilizados. Diferentemente de outros dispositivos de

10 Experiência conduzida no contexto de um Polo de Atração Interuniversitária [*Pôle d'Attraction Interuniversitaire*], "As lealdades do saber", cujo responsável foi Serge Gutwirth.

11 "Parciais" traduz aqui duas palavras diferentes em francês, "*partielles*" e "*partiales*". Stengers emprega esses dois termos frequentemente para falar de saberes que são parciais no sentido de sua incompletude e parciais no sentido oposto a imparciais, isto é, adotando um posicionamento. Como em português é possível expressar ambos os sentidos com o termo "parcial", optamos por utilizar uma única palavra. (N.T.)

"exploração de controvérsias" (propostos principalmente por Bruno Latour), não se tratava ali de participar da construção de um novo tipo de especialidade. O dispositivo se dirigia a qualquer estudante e tinha apenas a ambição de complicar seus "hábitos de pensamento".

O que se constatou foi que os estudantes se interessaram em descobrir, "no campo" constituído pela Web, situações marcadas pela incerteza e pela sobreposição daquilo que, até então, presumiam poder separar como "fatos" ou "valores". Antes disso, costumavam remeter à "ética" (hoje não se fala mais de política) tudo aquilo que não parecia se submeter à autoridade dos "fatos". Eles descobriram que há muitos tipos de "fatos" em conflito, e que cada um desses fatos estava ligado àquilo que importava na situação para as pessoas que os apresentavam. Mas eles não tiraram conclusões céticas ou relativistas dessa descoberta, pois se deram conta de que era a própria situação (enquanto questão de interesse) que impunha a sobreposição conflituosa, que impedia que uma ordem de importância (a da prova, por exemplo) dominasse todas as outras. O que os surpreendeu, por outro lado, foi a maneira desenvolta com que cientistas se permitiam desmerecer, rotulando como "não científico" ou "ideológico", aquilo que outros julgam importante.

Eu não diria que esses estudantes foram vacinados de uma vez por todas contra a oposição entre racionalidade científica e opinião, mas me impressionou o fato de que, longe de estarem mergulhados em desordem, confusão e dúvida, alguns deles pareciam experimentar um sentimento de libertação. Como se descobrissem com alívio que não precisavam escolher entre fatos e valores, entre sua lealdade científica e sua consciência social (o que restava dela), porque era a própria situação que lhes exigia situar a pertinência de um saber, entender seu caráter seletivo – o que tal saber torna importante e o que ele ignora.

Como se essa curiosidade, tão frequentemente associada à ciência, tivesse sido convocada e alimentada pela primeira vez. Experiências como essa que acabo de descrever são certamente insuficientes, mas talvez sejam necessárias para enfraquecer o poder das palavras de ordem reproduzidas de forma tão notável no alerta emitido em 2004 pelos pesquisadores franceses. Parece que é a curiosidade, muito mais do que a reflexividade crítica cara aos epistemólogos, que se faz preciso nutrir e libertar dos julgamentos a respeito do que conta e do que não conta. Talvez essa curiosidade possa reunir estudantes que pertencem a diferentes campos, permitindo que trabalhem juntos, que juntos sejam confrontados por situações que os obriguem a tomar distância de suas abstrações favoritas e, sobretudo, que lhes permitam vencer um duplo medo – de um lado, cientistas que temem ser confrontados com perguntas que "ultrapassam sua alçada" e, do outro, os medos dos pesquisadores dos "estudos literários" ou das "ciências humanas" diante da autoridade das ciências ditas duras. Em suma, a curiosidade pode desenvolver neles um gosto pelo que chamo de "inteligência". Não haverá inteligência pública das ciências se os próprios cientistas não cultivarem esse gosto.

A CIÊNCIA NO TRIBUNAL

Os cientistas precisam que se desenvolva uma inteligência pública das ciências não só para fazer frente ao poder (hoje irrestrito) de seus aliados tradicionais, mas também para enfrentar uma outra ameaça que vem crescendo.

Acabo de dar um exemplo da riqueza de recursos que a Internet oferece, mas ela também é, com certeza, um veículo privilegiado para rumores, denúncias de conspirações e teorias das mais extravagantes. Desse ponto de vista, a imagem idealizada que as ciências projetam de si mesmas se volta contra elas, pois as teorias extravagantes se valem dessa mesma imagem: propõem "fatos" que deveriam confirmar suas conclusões se os cientistas "ortodoxos" não fossem conformistas, cegos, medrosos – em suma, corrompidos. Aqui, paga-se um preço muito alto pela ausência de cultura sobre os "fatos", sobre sua fabricação exigente, sobre o processo coletivo e laborioso por meio do qual se coconstroem simultaneamente os "fatos confiáveis" e as teorias que os autorizam.

Mas isso abre uma outra questão. Tal processo é custoso em tempo de trabalho e recursos, e os especialistas (e seus financiadores) só se engajam nele quando acham que "vale a pena". Geralmente, os cientistas falam pouco sobre os critérios de seleção. Como os pesquisadores de 2004, eles supõem que apenas os cientistas são capazes de discernir os caminhos promissores para sua investigação, e por isso reivindicam o direito de ignorar ou excluir, limitando-se, quando preciso, a justificar sua escolha com poucos argumentos, por vezes superficiais e, frequentemente, de apelo dogmático (afiar os argumentos exige um tempo que eles não querem perder).

A Internet, no entanto, modifica essa situação, pois permite a um grande público contra-argumentar e expor a fraqueza das razões alegadas, um contra-ataque temível, porque pode se apoiar nos muitos casos de conflito de interesse e denunciar a maneira como "a ciência" ignora os fatos que atrapalham os interesses aos quais ela serve. A acusação é promissora porque, embora frequentemente os cientistas estejam certos em não considerar uma proposição como digna de sua atenção, suas razões podem se tornar não tão boas graças à economia do conhecimento e à dependência que ela produz em relação aos interesses privados.

A situação associada à nova imagem pública da ciência que se instala – a ciência como empreendimento desonesto e interessado, ao qual valentes combatentes da verdade livre impõem resistência –, é catastrófica. E o é ainda mais porque os cientistas estão muito mal equipados para enfrentá-la. Eles dispõem apenas de porta-vozes servis e lhes faltam aliados "livres" na Internet. Assim, eles pagam caro pela ausência dessa relação "inteligente", isto é, interessada, crítica e exigente, que os "conhecedores" cultivam, aqueles que seriam capazes de ouvir as razões de suas escolhas, de discuti-las, e, se necessário, de defendê-las.

Mas aqui, novamente, o apoio de tais aliados "livres" precisa ser conquistado. Sua existência supõe que os cientistas aprendam a prestar contas de suas escolhas de um modo que não insulte a inteligência dos conhecedores, que "dê o que pensar" e nutra debates interessantes; em suma, que não deixe o espaço livre para o fogo cruzado entre ataques à autoridade científica e denúncias da "onda crescente de irracionalidade". E, na medida em que a capacidade de prestar contas exige inteligência e imaginação, é possível que os critérios para estabelecer o que é digno de interesse se tornem um pouco mais abertos, menos determinados pelo conformismo, pelas prioridades em voga e pelas posições estabelecidas...

A situação atual é especialmente catastrófica porque não são apenas indivíduos isolados, mais ou menos iluminados e sinceros na maioria das vezes, que se manifestam na internet, mas também estrategistas pagos especialmente para isso. O livro apaixonante e perturbador de Naomi Oreskes e Erik M. Conway[12] revela a sabotagem de longo prazo empreendida por aqueles que eles chamam de "mercadores da dúvida" contra a credibilidade dos trabalhos científicos que abordam problemas "inconvenientes", que vão desde os perigos do tabaco e os danos causados pelas chuvas ácidas até, atualmente, as mudanças climáticas.

---

12 N. Oreskes e E.M. Conway, *Merchants of Doubt*: How a Handful of Scientists Obscured the Truth on Issues from Tobacco Smoke to Global Warming, Londres: Bloomsbury Press, 2010.

DE QUE SE APROVEITAM OS MERCADORES DA DÚVIDA

Desde Galileu, cientistas se vangloriam de produzir "verdades inconvenientes".[13] Que a Terra não esteja no centro do mundo é, talvez, uma questão estabelecida, mas a situação não é a mesma com a evolução biológica que, desde Darwin, tem sido "inconveniente" para aqueles que querem seguir à letra o texto da Bíblia (ou do Corão). No entanto, há uma grande diferença entre essas pessoas e aquelas que, hoje, pagam os mercadores de dúvida para garantir para suas afirmações uma publicidade mais organizada. Para os crentes literalistas, é a tese da evolução que é inconveniente, pois contradiz a tese da criação separada de cada espécie. Já as "verdades" contra as quais trabalham os mercadores da dúvida são inconvenientes não pelo que contradizem, mas por suas consequências políticas e econômicas. Os cientistas descobrem então, às vezes com surpresa, que seus aliados tradicionais o são apenas quando seus "fatos" podem ajudar no "desenvolvimento das forças produtivas"; caso contrário, podem se tornar promotores de um ceticismo incansável.

---

13 No original, *"vérités qui dérangent"*. O termo remete ao documentário *An Inconvenient Truth* (2006), de Davis Guggenheim, lançado na França com o título *Une vérité qui dérange* e, no Brasil, *Uma verdade inconveniente*. (N.T.)

Mas há um traço comum entre os dois casos que acabo de distinguir, expresso no refrão dos céticos: "não está provado; trata-se, portanto, de uma opinião, e ela deve ser equiparada a outras opiniões". A ideia de que é a autoridade da prova que faz a diferença entre ciência e opinião volta-se, aqui, contra os cientistas.

Tal ideia tem uma pertinência incontestável quando se trata das ciências experimentais, mas sua generalização para as ciências "de campo" – ou para as ciências nas quais não se pode purificar uma situação para torná-la controlável e reprodutível –, cria uma aparência unificada fácil de destruir. Isso deixa as ciências vulneráveis ao ataque, por mais sólidas que sejam. Assim, é preciso ousar dizer que o que é chamado de "provas da evolução biológica" tem antes o estatuto de índice, o que provocará risinhos de escárnio nos cientistas experimentadores. Como mostrou admiravelmente Stephen Jay Gould,[14] o que confere robustez às ciências da evolução não é a "prova", mas sim o número e a variedade de casos que se tornam inteligíveis e interessantes na perspectiva darwiniana. Essa fecundidade é perfeitamente suficiente para se diferenciar do criacionismo e do design inteligente, que não são caracterizadas por nenhuma dinâmica desse tipo, já que o responsável evocado é capaz de explicar toda e qualquer coisa.

Os mercadores da dúvida também exploram a imagem de uma "ciência que prova" para atacar os pesquisadores que, embora façam o seu melhor, lidam com questões distantes da situação experimental, concebida para responder a uma pergunta específica. Como os antidarwinianos, eles se aproveitam das discussões entre especialistas – discussões que tipicamente

---

14   Stephen Jay Gould (1941-2002) foi um biólogo, paleontólogo e historiador das ciências estadunidense. Dedicou sua carreira principalmente a pensar a evolução e o legado darwiniano.

se dão tanto em torno de modelagens de processos interconectados quanto de dados de campo – e as apresentam como discordâncias cruciais "que eles escondem de nós". Em nome do respeito ao equilíbrio entre "opiniões" (já que, na ausência de prova, há apenas opinião), os "céticos" reivindicam ser ouvidos sempre que a questão das mudanças climáticas é colocada. De fato, conseguiram criar a impressão de que o debate ainda está em aberto, de que os cientistas estão realmente divididos e de que talvez seja exagerado falar em "perigo".

Quando apresentava a si mesma como alicerçada sobre a autoridade dos fatos, a ciência não precisava dos conhecedores. Ainda pior, ela considerava suspeitos aqueles que insistiam um pouco mais firmemente na irredutível pluralidade das práticas científicas e no caráter mentiroso da imagem de um progresso científico monótono, que faz reinar por toda parte uma "realidade científica" capaz de responder as perguntas que a humanidade se faz. Hoje, a situação mudou, pois a imagem de "cérebro da humanidade" que ela apresentava de si mesma se volta contra a instituição científica. Essa imagem servia apenas para impor respeito, mas agora a deixa sem defesa contra os verdadeiros inimigos.

INSERÇÃO NA CULTURA, INSERÇÃO NA POLÍTICA

A história da vida e dos viventes terrestres é apaixonante, como o sucesso dos livros de Gould demonstrou notavelmente. Essa história é apreciada por amadores interessados na fecundidade das perspectivas que ela abre. Nesse sentido, pode-se dizer que os melhores aliados dos criacionistas são os formadores de opinião que difundem a ideia de uma ciência intrinsicamente polêmica, empenhada em soar inconveniente a todos que recusam ter seu "comportamento" reduzido a um efeito da seleção natural, oferecida como única explicação científica. Por outro lado – e arrisco aqui chocar os cientistas –, não me parece que todos os habitantes da Terra precisem aceitar tão rápido quanto possível a perspectiva evolucionista. E é desse duplo ponto de vista que cabe distinguir a dúvida antievolucionista daquela promovida pelos "mercadores da dúvida".

Evidentemente, esses mercadores são, na maioria das vezes, pagos pelas indústrias cujos interesses estão, de fato, sofrendo "inconveniências". Mas não só. Alguns se mobilizam contra aquilo que não convém para a grande imagem de um progresso humano desencadeado pela razão, ou contra o que consideram uma perigosa confusão entre "fatos" e "valores" provocada por uma ciência "alarmista" – ciência essa que acabaria se aliando aos críticos do desenvolvimento e da livre-iniciativa. Mas, no limite, quem entre nós não desejaria que o prospecto das mudanças climáticas desaparecesse? Quem não desejaria que o mundo se mostrasse menos perigoso e que nossas atividades e modos de vida tivessem consequências mais benignas? Somos todos vulneráveis à tentação de bancar o avestruz diante desse tipo de "verdade inconveniente".

Nesse caso, a questão do tempo é crucial. Sabemos bem disso com as mudanças climáticas, que – como nos previnem as Cassandras do IPCC –[15] de catastróficas podem se tornar cataclísmicas se nós continuarmos a agir como se não fossem nada, adotando apenas algumas medidas cosméticas (frequentemente nos esquecemos de que Cassandra *tinha razão*). Mas o tempo é crucial também para as indústrias que alegam que, na ausência de certeza, precisamos de mais pesquisas; temos de esperar as provas definitivas. E o alegam apesar do fato de que, se alguma certeza incontestável emergir, sua origem não será científica: tal certeza sinalizará, mais propriamente, que esperamos demais, e a própria "realidade" terá se encarregado dessa demonstração – para nosso profundo desgosto. Para essas empresas, ganhar tempo não é só continuar a ganhar dinheiro por um pouco mais de tempo; talvez trate-se também de abrir caminho para um futuro em que não haverá outra escolha a não ser nos voltar para elas em busca de "soluções" que, nos dirão, "infelizmente são necessárias".

Está claro que a questão de uma inteligência pública focada na pluralidade das ciências e no que podemos legitimamente

---

15 Sigla em inglês para "Intergovernmental Panel on Climate Change", instância intergovernamental da Organização das Nações Unidas que elabora periodicamente relatórios a respeito das mudanças climáticas antropogênicas, com o objetivo informar a elaboração de políticas públicas para conter seus efeitos (N.R.T.).

pedir de cada uma delas pode parecer bastante insignificante diante desse tipo de prognóstico. No entanto, sua inexistência permite que os mercadores da dúvida ajam com impunidade, pois os cientistas "atacados" não são, como o demonstram Oreskes e Conway, "heróis" que retaliariam de maneira espalhafatosa aqueles que os agridem, denunciariam publicamente os assédios e ataques pessoais dos quais são vítimas e demonstrariam vigorosamente a desonestidade de outros cientistas. Eles não foram selecionados nem treinados para isso e partilham, na verdade, do *ethos* científico comum, o que os faz manter o público a uma distância respeitosa e acreditar que a única tarefa verdadeira do cientista é produzir conhecimento – todo o resto, incluindo a luta contra representações mentirosas de seus trabalhos, é visto como uma infeliz perda de tempo.

Dada a mais que provável multiplicação futura de "verdades inconvenientes", a questão de uma inteligência pública das ciências conecta a cultura e a política com uma intensidade nunca antes vista. Como lutar contra a apropriação pelos cientistas das questões de interesse, das escolhas que dizem respeito ao futuro comum e, ao mesmo tempo, aprender a identificar os "mercadores da dúvida" e a desqualificá-los pública e impiedosamente, como tivemos de fazer com os negacionistas, os propagadores de racismo ou certos belicistas (*pace* Bernard-Henri)? Como impedir que os cientistas, ao se sentirem atacados, tornem ainda mais rígida a oposição entre ciência e opinião, e que aqueles que têm razões para desconfiar da autoridade reivindicada pelos cientistas não cedam à sedução da dúvida organizada?

Aqui, como em outros lugares, o tempo urge e causa angústia lembrar que, há 30 anos, Jean-Marc Lévy-Leblond soou o alarme e mostrou o quão doente é uma ciência incapaz de nutrir um meio "amador" que, hoje, faz falta de maneira tão cruel.

Este texto tem origem numa fala do colóquio *L'Homo academicus a-t-il un sexe? L'excellence scientifique en question*, que ocorreu na Universidade de Genebra em 15 de outubro de 2009. Uma primeira versão foi publicada sob o título *L'étoffe du chercheur: une construction genrée?*, in F. Fassa, S. Kradolfer (org.), *Le plafond de fer de l'université. Femmes et carrières*, Zurique: Seismo, 2010, p. 25-40.

CAPÍTULO 2

TER A FIBRA DO PESQUISADOR

O GÊNERO DA CIÊNCIA

Eu gostaria de começar abordando o que é, sem dúvida, o lugar comum mais corrente sobre a relação entre ciência e gênero.

Como todas e todos sabemos, nossas autoridades, políticas e científicas, estão preocupadas com a desafeição dos jovens pelas ciências. Não com uma desafeição por história, sociologia ou psicologia, mas sim por aquilo que formadoras e formadores de opinião estadunidenses chamam de *sound sciences* [ciências lógicas] – tanto as ciências que resistem a provas quanto as que são capazes de colocar saberes à prova. *Sound sciences*: um termo ainda mais grosseiro que "ciências duras", pois o contrário de *sound* (o duvidoso, o suspeito, o falacioso) é francamente pejorativo. Apenas as ciências que provam, isto é, que podem se valer de fatos que lhe conferem autoridade, são dignas de escapar da desqualificação, e é a essas ciências que os jovens têm virado as costas.

É nesse contexto que surge a ideia de que a construção dos gêneros afasta as mulheres da pesquisa, já que, face à penúria enfrentada no recrutamento, elas constituem um recurso humano a mobilizar. Não podemos mais nos permitir negligenciar uma parte do viveiro do qual depende o futuro da pesquisa; e se tratará, então, de atrair as "meninas" para uma carreira da qual elas estariam afastadas apenas por causa de uma representação "generificada". A ciência estaria, por direito, aberta a todas e a todos, e a autoexclusão das mulheres jovens indicaria apenas sua crença de que a ciência não é para elas. Podemos notar que, nesse caso, a questão de gênero é associada meramente a uma representação ilusória, passível de ser corrigida com melhor informação e uma mudança de imagem. A realidade seria a de uma ciência neutra em relação ao gênero.

A redução no número de jovens que se engajam nas carreiras científicas é frequentemente tratada como um sintoma social. Os jovens de hoje não estariam dispostos a fazer os sacrifícios que as "verdadeiras" ciências exigem e buscariam apenas aquilo que promete satisfação imediata. As ciências seriam, assim, vítimas inocentes de um fato da sociedade. Elas teriam razão ao se queixar que nossa sociedade não sabe mais honrar a grande aventura empreendida pelas pesquisadoras e pesquisadores em nome da humanidade, ou mesmo que não sabe ser fiel àquilo que é a verdadeira vocação da humanidade.

Essa vocação, comumente associada à curiosidade, à descoberta dos mistérios do universo e aos benefícios trazidos pelos saberes científicos, pode nos parecer engraçada. Mas é ela que é propagandeada aos jovens e, sobretudo, aos muito jovens. A julgar pela maneira com que a instituição científica tenta estimular o gosto pelas ciências, poderíamos quase chamá-la, a palavra é ousada, de pedofilia; uma sede de capturar a alma da criança. Trata-se de atiçar o gosto pelas manipulações curiosas, pelas questões desinteressadas, pela sede de entender, pela ciência como grande aventura. Todavia, tal gosto certamente não está mais na ordem do dia quando se entra na universidade, e ainda menos quando se considera uma carreira na pesquisa. Longe de serem tratadas(os) como um recurso que hoje ameaça tornar-se escasso, as(os) jovens pesquisadoras(es), doutorandas(os) e pós-doutorandas(os) devem aceitar condições de trabalho realmente sacrificiais, uma competição sem piedade. Espera-se que aguentem firme: a grande aventura da curiosidade humana apresentada às crianças é substituída por uma vocação que exige um engajamento de corpo e alma. E o que reprovamos nos jovens de hoje é que não aceitem mais os sacrifícios que o serviço à ciência exige.

O que define a vocação científica, o que faz a fibra de um(a) verdadeiro(a) pesquisador(a)? Que se trata de uma construção generificada é evidente, no sentido de que ela produz efeitos diretos de discriminação sobre a maioria das mulheres. Poderíamos dizer que se trata de uma carreira concebida para homens, ou mesmo para homens que se beneficiam do apoio daquelas que mantêm a casa, cuidam dos filhos, poupam-lhes das preocupações práticas, permitem-lhes passar noites em claro no laboratório e se ausentar devido aos vários estágios e deslocamentos ao exterior que fazem parte da carreira de um pesquisador.

No entanto, quando se trata das mulheres, o preço a se pagar por uma carreira é ainda mais discriminante, porque ele é parte da própria definição da vocação, daquilo que permite julgar o "verdadeiro pesquisador". De uma mulher comprometida com suas responsabilidades familiares se dirá frequentemente que o próprio fato de ela ter escolhido assumir tais responsabilidades prova que ela talvez não tenha a "fibra" de um verdadeiro pesquisador.

Quando se trata de fibra ou de vocação, a prova passa pela conformação heroica. Daquele ou daquela que desiste, se dirá "não tinha a fibra". Ou então "a qualidade certa" – faço alusão ao filme de Philip Kaufman, *Os eleitos* (1983), baseado no livro de Tom Wolfe,[1] que conta a história da transição entre o mundo dos pilotos de teste e o dos primeiros astronautas do programa

---

1 T. Wolfe, *Os eleitos,* trad. Lia Wyler, Rio de Janeiro: Rocco Digital, 2021.

Mercury da NASA.[2] "Ele não tinha a fibra, a coisa certa", diziam os pilotos de teste sobre aqueles que morriam pilotando. O interessante é que não havia uma definição positiva dessa fibra, já que as razões que levam um piloto de teste a morrer são múltiplas e dependem principalmente do avião que ele está testando. É precisamente essa dependência insuportável que a expressão dissimula: aqueles que morriam não tinham *a qualidade certa*.

Deveria ser desnecessário explicar que a questão da fibra, tal como a estou abordando, não tem relação direta com a capacidade de fazer pesquisa. Ninguém diz que os pilotos que morriam eram maus pilotos. Falar de fibra aponta sobretudo para algo que nunca será posto em questão, que nunca será objeto de discussão ou reivindicação: a fiabilidade técnica dos protótipos que os pilotos devem testar. O que está em jogo aqui é mais peculiar do que podem captar noções como tipo ideal ou habitus, familiares à sociologia. A questão da fibra designa bem especificamente a fabricação de uma diferença ligada a perguntas *que se fazem, mas não serão feitas*; ligada a uma maneira de aguentar firme e resistir àquilo que, dali em diante, torna-se uma tentação. No entanto, no caso dos pilotos de teste, trata-se de escolher ignorar aquilo que é uma questão de vida ou morte para eles: um piloto de teste pilota o avião que lhe entregam, ponto final.

Essa é a grandeza do piloto em questão, no sentido como, em *As economias da grandeza*,[3] Boltanski e Thévenot discutiram

---

2 O programa *Mercury* da NASA, em atividade entre 1958 e 1963, foi o primeiro programa estadunidense dedicado à viabilização da viagem espacial tripulada.

3 L. Boltanski e L. Thévenot, *De la justification: Les économies de la grandeur*, Paris: Gallimard, 1991. [Ed. bras.: *A justificação: as economias da grandeza*, Rio de Janeiro: Editora UFRJ, 2020.]

esses juízos sobre o que é grande e o que é pequeno. Todavia, a "fibra" do "piloto de teste", aquilo que o torna grande, me parece ter o traço constitutivo de uma grandeza "generificada", na medida em que, ao contrário das grandezas de Boltanski e Thévenot, ela é definida pelo negativo: trata-se de um contraste binário e hierarquizante que define o gênero superior como não marcado. Não sabemos o que faz de alguém um bom piloto; os pilotos marcados são os que morreram. Então é o acidente, e somente ele, que atesta o que eles não tinham e os outros possuem. Aqui, poder-se-ia falar dos mistérios da escolha divina, mas nem os coletivos de pesquisadores nem de pilotos me parecem interessados nesse tipo de mistério. Estamos lidando aqui com uma construção cuja singularidade é a de não pretender descrever uma realidade, portanto seria inútil chamar tal construção de ilusória: ela é "verdadeira" no sentido em que "mantém junto" e produz uma relação particular consigo e com os outros. No sentido em que ela supõe e produz um *ethos*.

É então desse *ethos*, dessa fibra, que vou me ocupar aqui. Trata-se de uma construção cujo protótipo é certamente a diferenciação entre homens e mulheres, mas que atravessa tudo – a construção do verdadeiro piloto de teste se restringe, neste caso, a um grupo exclusivamente viril; já o dever tanto das viúvas dos que morrem quanto das esposas dos que sobrevivem é se calar.

OS VERDADEIROS PESQUISADORES

Questionar a fibra que faz o "verdadeiro pesquisador" (incluídas aí aquelas que foram reconhecidas como dignas desse título)[4] com base em tal hipótese é questionar uma construção com um poder formidável, porque ela não deforma a realidade, mas exige uma determinada insensibilidade às perguntas suscitadas por essa realidade – insensibilidade tipicamente expressa como denegação, o "sabemos bem, mas mesmo assim...", a ideia de que um verdadeiro pesquisador deve aguentar em silêncio e não se deter sobre tais perguntas.

É certo que, em certos países (notoriamente não na França), o feminismo suscitou novas perguntas endereçadas aos saberes tais como são cultivados em nossos mundos acadêmicos, afrontando muitos aspectos desse *ethos* científico. Mas, hoje, uma outra figura do feminismo afirma sua pertinência: Virginia Woolf, de quem acredito ouvir o riso sarcástico. Seu livro *Três guinéus*[5] é composto de três respostas interligadas a três chamados para aderir a causas diferentes, mas consensuais; são respostas cruéis, de uma lucidez dolorosa, mas que força a pensar contra

---

4 Quando se trata do pesquisador ou da pesquisadora "generificado", empregarei o masculino.

5 V. Woolf, *Trois guinées*, Paris: UGE, 2002 (1938). [Ed. bras.: *Três guinéus*, São Paulo: Autêntica, 2019.]

o consenso da boa vontade. Não é muito difícil imaginar como ela teria reagido a um apelo como "salvar a pesquisa". Não se trata absolutamente de considerar inútil a tentativa feminista de fazer existir "uma outra ciência". Antes, ouvir o riso de Woolf significa avaliar a distância que nos separa da época em que se podia considerá-la demasiado pessimista por ter concluído, diante da brutalidade dos costumes universitários, que as jovens mulheres não poderiam mudar nada lá, que elas deviam evitar se juntar às fileiras da grande procissão de "homens cultos". Por mais que essa procissão tenha, hoje, perdido sua soberba, por mais maltrapilha e apreensiva que esteja, ela segue excluindo aqueles e aquelas que insistem para que se pare, mesmo por um instante, e se reflita. Insistem para que tomemos o tempo necessário para fazer a pergunta que Woolf dizia que nunca devíamos parar de perguntar. "É imprescindível que pensemos", escreveu ela, pensar em todos os lugares e em todas as ocasiões: "em que consiste esta 'civilização' em que nos encontramos?"[6]. E, especialmente, que mundo acadêmico é este, prestes a ser destruído em nome da excelência? Devemos pensar para evitar a armadilha da nostalgia por um mundo que está, na verdade, desmoronando sobre o passado.

O diagnóstico sobre esse mundo apresentado por Woolf em *Três guinéus* é de uma crueldade indiscutível. Ela resiste, claro, à tentação de juntar gasolina e fósforos e queimar as prestigiosas universidades inglesas onde se fabricam seres ao mesmo tempo conformistas e secretamente violentos, a violência aparecendo quando eles se sentem em perigo. Mas, se ela resiste, é apenas porque as mulheres podem agora obter nessas universidades os diplomas que lhes permitirão ganhar a vida. Mas que elas evitem ali fazer carreira, assim como em profissões que

6 Idem, p. 116.

prometem prestígio e influência. Que aproveitem a universidade para adquirir saberes que as emancipem efetivamente, mas que permaneçam nas margens. Pois elas não poderão modificar o *ethos* que essas profissões exigem: a rivalidade agressiva, a prostituição intelectual, o apego a ideais abstratos.

Em suma, acho que Virginia Woolf captou muito bem o sentido disso que chamei de "fibra do pesquisador", e penso que ela não ficaria nem um pouco surpresa ao constatar a submissão e a passividade com as quais os acadêmicos permitem hoje que se redefina seu mundo e suas práticas de modo que, em nome de uma excelência avaliada objetivamente, tal redefinição lhes obriga a praticar sistematicamente a prostituição intelectual que ela denunciava. Isso porque, além de não caracterizar o que é um "bom" pesquisador (somente o que é um "verdadeiro" pesquisador), tal fibra pode muito bem estar ligada à terrível transformação que Woolf descreve, quando "o irmão privado que muitas de nós temos motivos para respeitar" é engolido e dá lugar a "um macho monstruoso, de voz forte e punhos cerrados, infantilmente decidido a traçar com giz, no chão do mundo, demarcações, dentro de cujos limites místicos os seres humanos são confinados."[7] Esse macho, brutal e pueril, vemos aparecer frequentemente quando a "demarcação mística" que separa "os cientistas" dos outros humanos lhe parece ameaçada ou "relativizada", quando é posta em perigo a maneira como a maioria dos cientistas se apresenta e representa a si mesmos – isto é, como aqueles que, heroicamente, resistem às tentações da "opinião". É precisamente porque a demarcação é abstrata, sem outro conteúdo a não ser sua oposição àquele "outro" marcado que eles chamam de "opinião", que esse ser violento é também um ser manipulável, como sempre são aqueles que "não querem saber de nada" que poderia lhes fazer hesitar.

7 Ibid., p. 175.

Os cientistas, costuma-se dizer, têm a objetividade como grandeza comum e, de fato, tal pretensão talvez seja a única capaz de reunir práticas tão diversas quanto a física, a sociologia, a psicologia ou a história. No entanto, vale notar que todas as tentativas dos epistemólogos de dar um conteúdo ao que reuniria essas diferenças práticas resultaram em banalidades desprovidas de qualquer pertinência. Ousaria afirmar até que a única coisa capaz de reunir cientistas que pertencem a domínios tão diferentes é a definição da opinião como irracional, subjetiva, influenciável, prisioneira das ilusões e das aparências. Esse é, aliás, o conteúdo que Gaston Bachelard atribui à racionalidade científica: um "não" ascético que se contrapõe à verdadeira galeria de horrores que é a opinião. Para Bachelard, "por direito, a opinião está sempre errada, mesmo nos casos em que, de fato, ela tem razão."[8] Eis o apelo apaixonado do "verdadeiro pesquisador", o seu "não quero saber de nada". O piloto de teste "não quer saber de nada" sobre os critérios que diferenciam o avião que ele vai testar de um caixão voador. O verdadeiro pesquisador nada quer saber de um mundo em que, às vezes, "a opinião tem razão".

Não nos enganemos: hoje, o papel de grande parte dos especialistas científicos é calar as preocupações da opinião, fazê-la perceber que se engana e que é incapaz do julgamento objetivo que é privilégio dos cientistas. E é porque supostamente se trata de um verdadeiro dever, pactuado em nome do interesse geral, que a pertinência de tal expertise raramente será discutida no coração da academia. É preciso (e frequentemente basta) que o ponto de vista objetivo trazido pelo especialista

---

8 Ideia expressa por Gaston Bachelard em *La formation de l'esprit Scientifique*, Paris: Librairie J Vrin, 2000. [Ed. bras.: *A formação do espírito científico*, São Paulo: Contraponto, 2005.]

esteja em forte contraste com a subjetividade das perguntas que importam para "a opinião".

Todavia, os tomadores de decisão se queixam da expertise científica, que lhes parece demasiado hesitante pesando os prós e contras, confundem as coisas quando lhes é pedido justamente que definam, em nome da ciência, o que deve ser pensado. A grandeza do tomador de decisão, outro gênero não marcado, é saber deliberar. E ele adoraria que os especialistas lhe dissessem "como deliberar": "sejam homens, não mulherzinhas cautelosas e faladoras. Sim é sim! Não se entreguem a dúvidas e incertezas".

Que objetividade é essa que temos por missão defender? Quando a única resposta geral a essa pergunta mobiliza "fatos" capazes de remeter à subjetividade, tudo o que inquieta a opinião, fica fácil para os que sabem manipular as palavras de ordem dos cientistas capturá-los, ditar o ritmo de sua marcha. Se os "fatos" se opõem aos valores e são capazes de tornar qualquer questão "objetivamente decidível", como resistir à ordem de fazer essa capacidade prevalecer? Quando alguns cientistas responderam "presente!" à injunção de tornar decidível tudo o que poderia fazer hesitar, tal impostura não foi, em geral, denunciada por colegas. Aqueles que haviam julgado que para calar a opinião era preciso apresentar uma frente unificada de um "método científico" capaz de garantir a objetividade, tiveram que tolerar a proliferação de novos especialistas, armados de métodos cujo caráter cego tornava-se sinônimo de objetividade. As "ciências baseadas nos dados" ou "nos fatos" – as *data-based* ou *evidence-based* *sciences* – deram-se a missão de definir toda situação, toda escolha, tudo que estava em jogo, em termos que permitem que avaliações e decisões se valham de dados medidos objetivamente.

Aqui, também estamos lidando com um verdadeiro *ethos*, uma missão que mobiliza verdadeiras cruzadas nas quais os debates e hesitações de colegas são tratados como simples opiniões que ignoram que as únicas perguntas formuladas corretamente são aquelas que o veredito dos fatos pode responder. E o círculo se fecha, pois a excelência – nova palavra de ordem tanto no que diz respeito às universidades e grupos de pesquisa quanto aos pesquisadores e pesquisadoras individuais – é avaliada com base nesses dados. Foram cientistas que construíram impunemente tais métodos, e outros cientistas não protestaram, pois tais métodos ainda não eram usados contra eles. Mas hoje eles sentem diretamente na pele as consequências dessa omissão.

Como sabemos, essas avaliações não permitem levar em conta as particularidades de cada universidade, tampouco conhecer os trabalhos das(os) pesquisadoras(es). Isso arriscaria atrapalhar o julgamento, trazer de volta a hesitação. Os dados são objetivos na medida em que são "não marcados", podendo assim servir de padrão para a avaliação de todas e todos, sem hesitação nem discussão.

Assim, encontramos por toda parte essa "fibra generificada", que define a grandeza em oposição àquilo que leva os supostamente sem fibra a discutir, pensar, hesitar – essa fibra que nada diz sobre si mesma, apenas exige ser aceita em nome do que Virginia Woolf chamava tão apropriadamente de ideais abstratos, místicos. Como ela havia diagnosticado, esses ideais são inseparáveis da desqualificação brutal, da publicidade escandalosa e do orgulho imbecil de resistir à insistência da pergunta que, ela dizia, as mulheres deviam se fazer de novo e de novo, a toda hora e em qualquer lugar: que civilização é essa em que nos encontramos?

A FÁBRICA DO "VERDADEIRO PESQUISADOR"

Pensar segundo o caminho aqui proposto implica resistir à nostalgia. Certamente antes era melhor, mas o que está acontecendo hoje é bastante lógico, expressa uma lógica que já estava operando "antes". É isso que eu gostaria de mostrar trazendo um pouco de história; não a história das ciências, mas a história desta "fibra" do pesquisador, desse *ethos* que se apresenta como sinônimo do espírito científico e que resultou na atual definição de excelência "baseada nos fatos". Meu objetivo não é bancar a historiadora, mas sim ativar um apetite pelas possibilidades que correm o risco de serem encobertas por denúncias do presente em nome de um passado idealizado.

Meu ponto de partida será o trabalho de Elizabeth Potter[9] cuja importância Donna Haraway destacou em *Modest_Witness@ Second.Millenium*.[10] Potter mostra que, de fato, o gênero desempenhava um papel crucial no modo de vida experimental que

---

9 E. Potter, *Gender and Boyles's Law of Gases*, Bloomington/Indianapolis: Indiana University Press, 2001.

10 D. Haraway, *Modest_Witness@Second_Millenium*. *FemaleMan©_ Meets_OncoMouse*: Feminism and Technoscience, Nova Iorque/Londres: Routledge: 1997. Haraway conhecia as teses de Potter bem antes de sua publicação.

Robert Boyle pretendia promover, mais precisamente, que a questão de gênero impunha uma dificuldade: a possibilidade de o experimento colapsar.

Como afirmar a grandeza viril de um homem que não arrisca heroicamente sua vida nem cultiva sua glória pessoal, que não se deixa levar nem por suas paixões, nem por suas opiniões? Como falar da virilidade daquele que se apresenta como uma testemunha modesta, apagando-se diante dos fatos e não exigindo outra glória que não a de tê-los demonstrado? A reputação dos cavalheiros engajados na vida experimental não estaria em perigo caso reivindicassem a modéstia e a reserva, geralmente esperadas do gênero feminino? Esses castos que recusam o gozo das conquistas retóricas extravagantes não seriam desqualificados por não possuírem virtudes viris?

A castidade e a modéstia, porém, não são quinhão apenas das mulheres: elas definem também a disposição conveniente para o serviço a Deus. O que Boyle propõe é a grandeza da castidade e da modéstia do espírito, não do corpo, uma disciplina de origem monástica. Aquele que segue a via experimental serve a Deus pelo exercício disciplinado da razão. E essa razão é, sim, viril, na medida em que é próprio ao heroísmo masculino abstrair de seus interesses e preconceitos, resistir às tentações e às seduções de perguntas que o afastariam da via experimental.

Eu mesma testemunhei a potência dessa construção e a maneira como ela faz reinar a ordem disciplinar. Quando eu ainda era estudante de Química, me autoexcluí de um possível futuro como pesquisadora por me considerar "imprestável para a pesquisa". A pergunta sobre se eu tinha a fibra do pesquisador nunca foi feita: tal como ocorre com os pilotos de teste, o julgamento é retroativo, vem depois do acidente. No meu caso, o julgamento se deu depois que passei a me interessar por aquilo que os cientistas chamam de "grandes questões", as questões ditas não científicas.

No entanto, há que se estabelecer uma distinção entre o pesquisador casto e modesto de Boyle e aquilo que me fez considerar a mim mesma "inapta para a ciência". Se caísse em tentação, o pesquisador de Boyle podia se arrepender, mas eu me considerava irreversivelmente condenada como pesquisadora. Um outro tipo de *ethos* definidor do verdadeiro pesquisador intervém aqui. Esse *ethos*, que data do século XIX, pode ser expresso na imagem do sonâmbulo que não se deve acordar. Foi a essa imagem que me conformei ao acreditar que, uma vez desperta, deveria partir.

O sonâmbulo está sempre empoleirado no topo de um telhado, andando de um lado a outro, sem sentir vertigem, medo ou hesitação. Ele não se faz perguntas que poderiam perturbá-lo. A castidade a serviço do conhecimento deu lugar a uma espécie de antropologia da criatividade, segundo a qual o pesquisador deve ter uma fé que "move montanhas", isto é, não deixar sua busca por inteligibilidade ser interrompida por nenhum obstáculo. Ainda mais quando tal obstáculo é gloriosamente desmistificado como aquilo em que "a opinião acreditava" antes da intervenção da "verdadeira ciência". Essa fé frequentemente se torna explícita pela negativa – se levarmos a sério essa dimensão do problema, a ciência não será possível. E ela atualiza reiteradamente a "parábola do poste de luz", segundo a qual um transeunte, tendo parado para ajudar alguém que, em plena noite, busca desesperadamente suas chaves ao pé de um poste, por fim pergunta: "você tem certeza que foi aqui que as perdeu?", ao que o outro responde: "de forma alguma, mas este é o único lugar bem iluminado!"

Trata-se, portanto, de uma fé que exige que aquilo que não é levado em conta por ela não conte, uma fé que se define em oposição à dúvida. Aquele ou aquela que tenha sido mordido ou mordida pela dúvida não reencontrará a fé que a pesquisa demanda. Despertar o sonâmbulo é matar o pesquisador.

O cientista experimental de Boyle era casto e evitava se entregar a questões teológicas ou metafísicas. O *ethos* do cientista sonâmbulo, por sua vez, está mais para a fobia: ele rejeita as perguntas que considera "não científicas" de maneira um tanto análoga à misoginia fóbica dos padres, o que significa que ele atribui a essas perguntas um poder perigoso e sedutor, capaz de levar o cientista aos caminhos irreversíveis da perdição. Além disso, a abrangência dessas perguntas aumentou, pois agora elas englobam, por exemplo, as que tratam do papel das ciências na sociedade. Certamente, tais perguntas não podem ser oficialmente banidas como se fazia com as perguntas teológicas e metafísicas. Mas elas são desqualificadas de forma semi-implícita, por meio do sorrisinho, da advertência mal disfarçada e das anedotas sarcásticas a respeito de fulano e sicrano "que não fazem mais ciência". Do mesmo modo, serão tratadas(os) como inimigas(os) aquelas e aqueles que insistem para que os cientistas se façam tais perguntas ou que prestem contas do que defendem em nome da ciência. O sonâmbulo não quer ser chamado a hesitar quando é preciso discernir entre o que ele considera importante e o que julga ser secundário ou anedótico. "Deixem-nos ser brutos e vis, desvendando o mundo em termos de conquistas e de obstáculos a superar, senão vocês não terão mais pesquisadores!" É contra essa reivindicação que se voltam aquelas e aqueles que vêm pedindo uma formação mais aberta dos cientistas.

Quanto a mim, deixei de acreditar na virtude dos cursos de história das ciências ou que tratam do papel social das ciências, tais como eles são oferecidos às(aos) estudantes. Pois todo estudante matriculado nas ciências (duras) sabe perfeitamente que "isso não é ciência"; ou seja, uma vez cumprida a formalidade da avaliação, não terá mais serventia real. A maioria das/dos estudantes esboça, em relação a esses cursos, o sorrisinho que

Robert Musil descrevia em *O homem sem qualidades*:[11] o sorriso na barba dos cientistas convidados aos salões de Diotima quando confrontados por pessoas cultas. Essas(es) estudantes escutam com gentileza o que julgam ser grandes ideias, mas já sabem que "verdadeiros cientistas" não devem se deixar infectar por tais ideias.

Poderia afirmar que esse sorrisinho e essa fobia são próprios às ciências que os jovens de hoje abandonam, para grande desgosto dos nossos governantes. São essas as ciências que, segundo Thomas Kuhn em *A estrutura das revoluções científicas*, funcionariam por paradigmas, as mesmas que ele caracteriza, antes de mais nada, enfatizando a formação das(os) estudantes. A formação em Sociologia ou em Psicologia oferece um panorama de escolas rivais, de diferentes metodologias, de definições divergentes e debates, e as(os) estudantes serão apresentadas(os) aos textos fundadores de sua disciplina, textos que explicitam as escolhas nas quais elas e eles vão se engajar. Por sua vez, a força do paradigma, de acordo com Kuhn, é ser invisível. Aquelas e aqueles que recebem treinamento nas ciências duras o fazem para se tornar sonâmbulas(os) que acreditarão que a maneira correta de fazer uma pergunta decorrerá de uma evidência incontestável. Sob a ótica dessa educação, se uma estudante lê outros textos além dos que estão no manual, isso não é só uma perda de tempo: é também um sinal preocupante, um mau augúrio para seu futuro, indicando que, talvez, ela não tenha a fibra.

O pesquisador casto de Boyle oferece uma definição bastante geral para a grandeza própria à objetividade científica: a recusa das "grandes perguntas" que podem seduzir a opinião, a qual, por sua vez, "está sempre errada". E essa castidade poderá

---

11 R. Musil, *L'homme sans qualités*, Paris: Seuil, 2004, vol. 1, capítulo 72. [Ed. bras.: *O homem sem qualidades*, Rio de Janeiro: Nova Fronteira, 2021.]

ser reivindicada por toda ciência, em nome da não confusão entre "fatos" e "valores". Mas o sonâmbulo fóbico, de sua parte, pertence especificamente às ciências que, desde o século XIX, vêm sendo caracterizadas por seu papel crucial no desenvolvimento das forças ditas produtivas. E isso não é por acaso, já que esse pesquisador sonâmbulo nasceu em um laboratório que não é mais comparável ao monastério, onde se cultivava a disciplina do espírito e a perda de tempo era um pecado, mas sim em um laboratório que define o ganho de tempo, a velocidade, como um imperativo. De forma análoga, não é mais por disciplina ascética que ele não se faz "grandes perguntas", mas porque sua formação o distancia ativamente disso: tudo o que poderia afastá-lo de sua disciplina foi excluído, tachado de "perda de tempo", quando não um vetor de dúvida. Em outros termos, o fóbico, para quem a dúvida é o inimigo, é sobretudo aquele que jamais aprendeu a dar um passo ao lado; que não seria capaz, portanto, de ir mais devagar sem perder o equilíbrio.

Mas o "verdadeiro" pesquisador sonâmbulo não é, por causa disso, cego àquilo que o cerca. Ele não ignora o mundo, mas nega-lhe o poder de fazê-lo hesitar. Ele o interpreta em termos de oportunidades. Pode-se mesmo retratar o pesquisador sonâmbulo como vigilante, atento às possibilidades de apresentar o que importa para ele de forma a despertar o interesse daqueles capazes de valorizar seus resultados. E ele será tão mais inovador, tão mais livre para empreender quanto mais desprezar – um desprezo propriamente viril – os múltiplos e sobrepostos elementos do problema no qual ele se dispõe a intervir.

Um ótimo exemplo recente é, claro, o episódio dos transgênicos, quando biólogos moleculares alegaram que suas linhagens vegetais geneticamente modificadas resolveriam o problema da fome no mundo. A dimensão generificada transpareceu com muita clareza no desprezo fóbico com que desqualificavam as dúvidas de seus colegas, que se referiam às razões socioeconômicas da fome, às desigualdades sociais crescentes, à destruição dos modos de produção agrícola ou à diferença entre os OGM no laboratório e os que são plantados em centenas de milhares de hectares. Nesse caso, as ciências sociais e as ciências de campo são como mulheres sensíveis demais, que só falam de riscos e incertezas. Se as tivéssemos escutado no passado, teríamos julgado a eletricidade perigosa e não teríamos superado o arado. Um verdadeiro pesquisador deve correr riscos e saber o preço do progresso. Quanto a saber quem será exposto a esses riscos, bom, essa é uma questão bastante aberta...

Não tenhamos grandes expectativas de que os danos provocados pela economia do conhecimento bastarão para "acordar" os sonâmbulos fóbicos. É possível dizer que, de diferentes modos, os pesquisadores têm sido informados de que "a festa acabou" – eles agora precisam se submeter à dura lei comum. Ninguém pode escapar da mobilização que faz prevalecer por toda parte a flexibilidade e a competição, o que implica, para todas as ciências, a eliminação de quem não faz o que é preciso para manter sua carreira. A redefinição brutal de seus ofícios fez muitos pesquisadores resmungarem, mas, no fim das contas, de forma moderada. Além disso, numa atitude tragicômica, muitos se voltaram contra a opinião, ela novamente, que não entende que a ciência deve ser livre para ser fecunda. Os políticos teriam se deixado infectar pela opinião, eles teriam ratificado a "ascensão da irracionalidade" que faz com que o "público" não respeite mais a ciência – como nas repetitivas reclamações sobre os jovens que abandonam os estudos científicos. A ideia de que poderia haver uma relação, ainda que mínima, entre esse abandono e as novas exigências aos pesquisadores parece quase indizível. O avanço do conhecimento tem o dever de perseverar heroicamente, resistindo a todo tipo de humilhação.

Podemos imaginar que a próxima geração de pesquisadores sorrirá com cinismo quando evocarmos a época feliz em que os pesquisadores faziam suas próprias perguntas. Mas uma nova construção generificada virá certamente consagrar a coragem que faz com que eles se aliem sem hesitação às causas corporativas, enquanto almas sensíveis denunciam destruições ecológicas e crescentes desigualdades sociais. O "verdadeiro pesquisador" será aquele que sabe que a realização do destino humano exige terríveis sacrifícios, mas que nada deve detê-la. Essa nova construção apenas prolongará o desprezo já cultivado, em nome do progresso, contra as(os) cheias(os) de papo e suas grandes ideias que semeiam a dúvida, a preocupação e a confusão.

Desde que comecei a compreender tanto o que estava acontecendo quanto a relativa submissão e passividade das(os) pesquisadoras(es), passei a levar a sério o que Virginia Woolf havia diagnosticado como prostituição intelectual: a docilidade daqueles que, sem serem obrigados como o são os assalariados, aceitam pensar e trabalhar onde e como lhe mandam. Mas, de fato, a quem eles podem se voltar depois de terem alimentado constantemente a oposição entre objetividade científica e preocupações políticas? Como discutir publicamente sobre um desastre quando não se quer que o público perca a confiança na "sua" ciência, nem que se intrometa no que não deve lhe dizer respeito? A fibra do pesquisador, sua dependência em relação ao que Woolf chamava de demarcações místicas, lhe impede de se perguntar junto com os outros que civilização é esta em que nos encontramos. Ele pode apenas se lamuriar e tentar – mas por si mesmo – dedicar algum tempo e alguns recursos para o que ele chamará de uma "boa pesquisa", aquela que faz "avançar a ciência".

DESMOBILIZAÇÃO?

Ao pensar com Virginia Woolf, não conseguimos alimentar esperanças fáceis. Levar a sério uma construção generificada como a do "verdadeiro pesquisador" ajuda a entender a violência que ela descreve ao longo de *Três guinéus*: a violência daqueles que aprenderam que era necessário aguentar firme para se manter na rota, apesar do canto das sereias. O gênero não marcado é também um gênero definido pela angústia; a angústia do colapso.

Aliás, é aparentemente por não terem sentido essa angústia, ou porque não nutriam qualquer esperança de fazer uma carreira, que as primeiras primatólogas inventaram uma "primatologia lenta", não normatizada pela diferença imposta entre o que deve interessar o cientista e o que seduz a opinião. Elas se deixaram afetar por aqueles seres com os quais se relacionavam, investigaram com eles as conexões oportunas, colocaram a aventura da pertinência na frente da autoridade do juízo. Suas pesquisas fazem lembrar que a maneira como a fibra do pesquisador foi caracterizada claramente não basta para definir as práticas dos pesquisadores e pesquisadoras, práticas que nos levam, apesar de tudo, a querer defender a academia. A fibra do pesquisador não faz mais um pesquisador ou uma pesquisadora, assim como a fibra dos pilotos de teste não fazia um bom piloto. As primatólogas nos dão o exemplo de uma prática da pesquisa cuja diferença se expressa, antes de mais nada, pelo fato de elas não estarem "mobilizadas", intimadas a provar que têm a fibra do "verdadeiro pesquisador".

Convém lembrar que a mobilização é assunto de homens em guerra. Um exército mobilizado não se deixa desacelerar por nada. A única questão que conta é "podemos passar?"; e o preço que outros pagarão por essa passagem – os campos devastados, as cidades destruídas – não os fará hesitar. A hesitação e o escrúpulo são, nesse caso, sinônimos de traição. É claro que os cientistas rebeldes não são executados, mas a submissão da maioria deles à palavra de ordem que define o verdadeiro pesquisador basta para garantir a mobilização disciplinar, pois aqueles e aquelas que fazem perguntas desqualificadas como "não científicas" serão sempre minoritários, vistos com suspeita – se perguntará se eles ainda são verdadeiros pesquisadores, se não se deixaram seduzir por aquilo que todo verdadeiro pesquisador deve manter distante. Em oposição, pesquisadores engajados produzirão um consenso quase automático com palavras de ordem como "salvemos a pesquisa!", mas não farão sobretudo a pergunta: "do que é necessário salvá-la?".

Nada de esperança fácil, então. Mas eu gostaria de introduzir uma incógnita nessa situação: a da *possibilidade de desmobilização*. Trata-se de uma incógnita generificada, mas, desta vez, de um gênero bem marcado, visto que sempre se suspeitou que as mulheres fossem sedutoras e corruptoras, capazes de incitar homens honestos e corajosos à traição e à deserção.[12] Essa incógnita ganha

---

12 Em *Les faiseuses de'histoires* (Paris: Les empêcheurs de penser en rond/La Découverte, 2011), eu e Vinciane Despret propusemos, enquanto filhas infiéis de Virginia Woolf que fizeram carreira na universidade apesar de seu aviso, uma figura menor da traição: aprender a criar caso e a passá-los adiante. Mesmo quando não há, ou quase não há, esperança de vitória – recusar-se a aceitar o que não se pode evitar com coragem e dignidade.

hoje um sentido concreto, isto é, político. Estou convencida de que a única possibilidade de "salvar a pesquisa" passa pelo despertar do sonâmbulo, e ele só acordará se forçado a fazê-lo. E ele só será forçado caso se exija que ele refaça a pergunta sobre o que se pode ou deve esperar das(os) pesquisadoras(os). Exigências desse tipo inviabilizam uma atitude de negação diante das perguntas que um verdadeiro pesquisador supostamente não deve se fazer.

Hoje em dia, tais exigências, são apresentadas principalmente via dispositivos como as chamadas "assembleias cidadãs", "consulta cidadã" ou "convenção cidadã", esta última sendo a expressão mais utilizada pela Fundação das Ciências Cidadãs. Tais dispositivos, *quando são eficazes*, têm a função de oferecer resistência às palavras de ordem ou julgamentos que hierarquizam pontos de vista. Eles constituem verdadeiros operadores de horizontalização, contrapondo-se ao teatro do "se você quer discutir, primeiramente precisa deixar de ser ignorante". É a assembleia que faz as perguntas, exige explicações e avalia a pertinência das explicações dadas ao problema com que se ocupa. É ela que exige contraespecialistas, que escuta aquelas e aqueles que objetam, que organiza os embates. Em suma, ela produz o tipo de prova crucial para medir a confiabilidade de uma inovação, pois a preocupação com a confiabilidade exclui toda hierarquia *a priori* entre o que conta e o que pode ser negligenciado, ou entre o que corresponderia a um ponto de vista objetivo ou científico e o que seria apenas uma questão de opinião ou convicção.

A pergunta sobre o papel de dispositivos desse tipo é uma questão política, o que significa que a questão da fabricação dos pesquisadores é uma questão política. Com efeito, tais dispositivos põem à prova aquelas e aqueles por eles reunidos, mas, para os cientistas, a prova incide especificamente sobre o jogo duplo típico dos cientistas sonâmbulos: eles simulam uma humilde ignorância diante das "grandes questões", aquelas que não interessam à sua ciência, ao mesmo tempo em que apresentam uma situação de tal modo que o que não lhes interessa aparece como secundário. Assim, o ponto de vista científico é tido como um ponto de partida objetivo e racional para abordar uma questão.

Tal prova desqualificará o sonâmbulo, mas ela não exige dos cientistas que se ocupem de perguntas que eles desconhecem; apenas que aprendam a situar ativamente o que sabem. Isto é, que explicitem de que maneira seu conhecimento pode contribuir para o enfrentamento de um problema, mas sem acreditar ocupar um "ponto de vista científico" ou "racional" que determina a maneira como o problema deve ser posto. Trata-se de uma prova bastante legítima, mas os pesquisadores, com a formação que recebem hoje em dia, são na maioria das vezes incapazes de encará-la. Afinal, é difícil se situar em relação a algo que se aprendeu a desprezar – ou, no mínimo, a manter distante.

Não se trata de clamar por uma ciência com consciência ou por pesquisadoras(es) que se responsabilizariam pelas consequências das inovações de suas pesquisas. Tampouco se trataria de opor uma "boa ciência", a serviço dos verdadeiros interesses coletivos, a uma ciência enviesada pela submissão a interesses privados. Nos dois casos, os saberes científicos seguem arrogando a pretensão de ocupar uma posição crucial que, diga-se de passagem, nunca foi a sua: a de servir a um interesse que transcende as paixões particulares. A prova que me interessa, associada ao que Donna Haraway chamava já em 1988 de um "saber situado",[13] designa a capacidade de, precisa e concretamente,

---

13   D. Haraway, Savoirs situés: la question de la science dans le féminisme

contestar essa relação privilegiada das ciências com as questões de interesse coletivo.

Situar-se não tem nada a ver com ocupar o ponto de vista oferecido pelo *Google Earth*, em que se vê a Terra inteira, depois é possível localizar sua cidade, sua rua, sua casa. Ser capaz de se situar – situar o que se sabe, vinculando ativamente tal conhecimento às perguntas a que se dá importância e aos meios empregados para responder a elas – implica estar em dívida com a existências dos outros, daquelas e daqueles que fazem outras perguntas e fazem uma situação importar de outra maneira, que ocupam uma paisagem de um modo que impede a apropriação em nome de um ideal abstrato, seja ele qual for.

De fato, as assembleias cidadãs são raras e precárias; mais que isso, são fáceis de esvaziar de sentido. Quanto às consultas cidadãs, que propõem uma verdadeira politização das ciências em suas múltiplas e variadas relações com a inovação, elas fazem rir aqueles que pensam em termos de *Realpolitik*, uma política que hoje se reduz à (boa) governança. Seu interesse, e a incógnita a que os associo, permite desassociar a prática das ciências da construção generificada que a fibra do pesquisador constitui. A perspectiva produzida pelas assembleias cidadãs pode ajudar a nos livrar da impressão de fatalidade que nos assola. O papel de uma incógnita não é resolver um problema, mas sim apresentá-lo de tal modo que uma solução seja concebível. Há uma solução, mas ela não depende de uma sociedade que respeita suas(eus) pesquisadoras(es); ela depende de uma sociedade que force suas(eus) pesquisadoras(es) a não desprezá-la.

et le privilège de la perspective partielle, in *Des singes, des cyborgs et des femmes,* Paris: Éditions Jacqueline Chambom, 2009. [Título do original em inglês: *Situated Knowledges: the Science Question in Feminism and the Privilege of Partial Perspective.*]

Em *Gender and Boyle's Law of Gases* [Gênero e a lei dos gases de Boyle],[14] Elizabeth Potter conta como as damas da alta sociedade, autorizadas a assistir às experiências da bomba de ar, comoveram-se ao ver pássaros sufocarem para demonstrar que aquele ar evacuado pela bomba era necessário à vida. Tal história pode ser associada à longa exclusão das mulheres, mal-vindas nos laboratórios, mas pode ter um outro sentido, que abre espaço para um futuro em que os cientistas não mais ocultarão risinhos entre suas barbas diante de demonstrações de sensibilidade feminina. Não há garantias de que, nesse futuro, pássaros não serão mais sacrificados. Por outro lado, a possibilidade de que os cientistas não mais sorriam com escárnio significa que eles não cultivarão mais o medo fóbico de que as perguntas e os interesses dos outros os desmobilizem ou os façam perder tempo precioso. Significa que eles já não mais se considerarão a cabeça pensante, racional, da humanidade, mas que terão aprendido, pelos outros e graças aos outros, a apreciar a singularidade própria das perguntas que importam para eles, agora desprovidas do poder de redefinir ou julgar as dos outros.

É o "graças aos outros" que importa aqui. A incógnita da pergunta que indiquei – sugerindo a possibilidade de uma desmobilização – não tem nenhum sentido fora de uma perspectiva de luta. Mas esse tipo de luta tem profunda afinidade com aquilo pelo que mulheres sempre lutaram e ainda lutam: uma sociedade na qual nenhuma posição possa considerar legítimo o silenciamento de outras, tratadas como irrelevantes. Mas essa é também uma luta em que o humor, o riso e a zombaria são cruciais para combater o poder dos ideais abstratos. Desmobilizar, aprender a apreciar a paisagem ao invés de atravessá-la

---

14 E. Potter, *Gender and Boyle's Law of Gases*, Bloomington and Indianapolis: Indiana University Press, 2001.

na velocidade máxima, significa, para as(os) pesquisadoras(es), aprender a rir daqueles que prenunciam sua ruína caso eles ousem não se dedicar integralmente, sem perguntas inúteis, ao avanço da ciência.

CAPÍTULO 3

CIÊNCIAS E VALORES: COMO DESACELERAR?

O PODER DA AVALIAÇÃO

Atualmente, a pesquisa financiada pelo dinheiro público está a ponto de perder o tipo de autonomia que acreditava-se ser um direito consensualmente reconhecido. Em todos os campos em que a competitividade econômica está em questão, os governos, que deviam garantir tal autonomia, "traíram" essa missão e deram às empresas o poder de selecionar os projetos a serem beneficiados por subsídios públicos. E quando esse não é o caso, quando nem patentes, nem parcerias, nem "*spin-offs*" são possíveis, os próprios governos se dedicaram a fazer reinar uma pseudolei do mercado, supostamente assegurando que o dinheiro público será utilizado da maneira otimizada que, afirmam, o mercado permite. A definição dos parâmetros de avaliação que são apresentados como "objetivos" – posto que cegos ao que conta para os próprios pesquisadores – é parte integral desse empreendimento. Quando prevalece a lei do mercado, os diferentes atores, em competição uns com os outros, devem ser sensíveis aos "sinais", devem responder com a maior flexibilidade às definições cambiantes da "demanda". Quando o mercado não pode ser definido em termos de transações econômicas, quando a definição da "oferta" e da "demanda" é um tanto ficcional, o mecanismo de avaliação terá o dever de fazer existir essa ficção. Ele deverá colocar os "avaliados" em competição uns com os outros, fazendo com que aquilo que importa para eles, que dá sentido a suas atividades, seja tratado como uma "rigidez", como aquilo a que eles devem renunciar se querem demonstrar sua capacidade de se adaptar.

Isso significa que, quando se trata da pesquisa, a competição para o reconhecimento da "excelência", que é agora condição de sobrevivência acadêmica, dependerá do raro recurso constituído pela publicação em uma revista estrato A. E tal dependência exigirá que eles concebam sua pesquisa a partir do que essas revistas exigem, e que se conformem às normas que elas impõem. Conformismo, oportunismo e flexibilidade: eis a fórmula da excelência.

Sem dúvida, alguns dirão que eu estou exagerando, que os cientistas saberão se adaptar a essas novas restrições sem perder sua criatividade. Ainda, sublinharão que elas ao menos oferecem a vantagem de permitir a nítida identificação dos preguiçosos ou daqueles que sobrevivem com tranquilidade em áreas que não interessam a ninguém. Porém, em todos os lugares onde o chamado novo gerencialismo intervém, é a mesma história que se repete. Tudo começa com proposições consensuais que apresentam primeiro as vantagens, em especial a "transparência" que só quem "se aproveita do sistema" poderia temer. Os outros não precisam se preocupar, o caráter formal da avaliação deveria, na verdade, tranquilizá-los – não se trata de controlar o que fazem. Em seguida, os que são avaliados descobrem, de uma só vez, que os critérios cegos ao conteúdo, por mais formais que sejam, ainda contradizem o próprio sentido de sua atividade, e não são negociáveis. Durante um tempo, eles conseguem se fazer de malandros e trapacear, mas pouco a pouco o nó aperta. No fim das contas, os cientistas se veem em uma paisagem radicalmente transformada: efetivamente separados do que lhes era importante, encontram-se sob vigilância e sob pressão, reduzidos a essa tristeza chamada de depressão ou levados ao cinismo oportunista daqueles que sabem mover estrategicamente seus peões.

A hierarquização das revistas especializadas desempenha um papel chave na submissão dos pesquisadores: já não lhes é mais possível publicar em revistas pequenas, mas adequadas a seu tipo de pesquisa, pois são os critérios dos periódicos onde "é preciso" publicar que determinam o valor de uma pesquisa. A primeira coisa que gostaria de sublinhar é o caráter singular dessas publicações em que os artigos são submetidos às objeções dos pareceristas[1] escolhidos entre os "colegas competentes" e depois são lidos, geralmente, apenas por esses colegas. Essa singularidade parece, na realidade, indissociável do funcionamento das "ciências modernas", nas quais a avaliação é imanente à comunidade – comunidade essa em que os autores são lidos por outros autores, a quem caberá levar em conta, prolongar ou contestar o que eles leram.

Esse modo de avaliação tradicional não deveria ser idealizado. Ele resistiu bastante mal à explosão do número de pesquisadores e de suas publicações – o mote *publish or perish*[2] não nasceu ontem –, assim como à associação cada vez mais impiedosa entre tal maneira de medir "valor" e a seleção daqueles a quem será permitido fazer carreira. Faz algum tempo que o sistema de pareceristas vai mal: o que era uma grande responsabilidade se tornou tarefa onerosa e feita às pressas, ou então uma oportunidade para acerto de contas, para reposicionar seus peões ou para testar a reputação dos autores (uma vez que

---

1 Em inglês no original. No Brasil, usa-se o termo pareceristas. (N.T.)
2 Expressão em inglês que significa "publique ou pereça". Remete à necessidade de publicar constantemente seus trabalhos em livros e artigos científicos ou arriscar cair na irrelevância acadêmica, perder financiamentos, oportunidades ou mesmo empregos. (N.T.)

seu anonimato não impede que sejam "localizados"). Já a "competência entre colegas" se tornou fragmentada demais para garantir a avaliação dos candidatos a empregos ou subsídios de pesquisa. Os procedimentos bibliométricos tomaram conta, medindo o "valor" de um artigo pelo número de citações que ele recebe. Mas esses procedimentos não apenas oferecem a comitês de avaliação "incompetentes" uma medida das repercussões de uma publicação. Ao desassociar tal avaliação da confiança na competência dos colegas, que sabem avaliar em seu próprio campo a importância de uma contribuição, eles abriram o jogo a estratégias (efeitos de panelinhas e entrecitações sistemáticas) contra as quais foi necessário desenvolver contramedidas, provocando uma espécie de corrida armamentista, muito semelhante a uma situação darwiniana.

Em outras palavras, não é que os modos de avaliação impostos hoje sejam um ataque a mecanismos que, antes, funcionavam de maneira satisfatória. Na verdade, eles acabaram transformando a pressão por publicações – o declínio em seu número vinha então sendo profundamente lamentado –, em imperativo rígido, o que contribuiu para a proliferação de efeitos perversos correlatos. Mesmo sem entrar no tema das fraudes, hoje se multiplicam os artigos "retirados" após a publicação (o que significa "não deveria ter sido aceito pelos pareceristas"), mesmo, e até especialmente, em revistas de estrato A!

Assim, compreendemos que, para além da contestação da hierarquização das revistas, as reivindicações dos pesquisadores preocupados com a qualidade das pesquisas devem incluir a desaceleração do número de publicações e a implantação de modos efetivos de avaliação, nos quais os pareceristas tenham tempo para verificar se o argumento está bem apresentado, se não se trata de um resultado parcial, incapaz de interessar outros, publicado às pressas para marcar pontos. No entanto, eu gostaria de ir mais longe. Ainda que o sistema de avaliação por pares funcionasse de forma ideal – bons artigos aos quais fosse dado tempo para amadurecer, pareceristas atentos e competentes etc. –, isso não mudaria o fato de que as ciências, as diferentes maneiras de "fazer ciência", não são, nunca foram, jamais serão, todas iguais diante desse modelo de avaliação.

O que eu gostaria de defender aqui é que tal modelo foi inventado por e para as ciências rápidas, com sua estrita diferenciação entre uma produção de saber cumulativa que se dirige apenas a seus colegas competentes e um conhecimento "vulgarizado". Ao mesmo tempo, eu gostaria de fazer um apelo por uma desaceleração das ciências que não seja entendido como o retorno a um passado um tanto idealizado, em que os pesquisadores honestos e merecedores eram reconhecidos justamente por seus pares. Essa desaceleração implica levar em consideração, de um modo ativo, a pluralidade das ciências, consideração à qual deve corresponder uma definição plural, negociada e pragmática (isto é, examinada com base em seus efeitos) dos modos de avaliação e de valorização dos diferentes tipos de pesquisa.

QUEM SÃO OS PARES?

Os "pares", ou colegas competentes, e a rapidez são dois lados da mesma moeda. Ambos traduzem aquilo que permite um tipo muito particular de êxito, o êxito próprio às ciências experimentais. Isso não significa que o êxito experimental supõe necessariamente o modelo de uma ciência rápida, nem que os colegas competentes são os únicos que podem – e devem – avaliar, mas sim que era devido a esse êxito que o modelo fazia sentido.

Para caracterizar esse êxito a partir de suas condições específicas (em contraposição à generalidade da abstração como "método"), proponho pensá-lo como uma forma de transplantação.[3] Se algo é passível de ser estudado, é porque pôde ser extraído de seu meio e transplantado para outro meio, tipicamente o do laboratório experimental. É apenas sob essa condição que poderá em algum momento ocorrer o "êxito experimental", pois é somente nesse meio que as perguntas podem receber respostas ditas "objetivas", objeto de publicações que têm como destinatários os "colegas competentes", isto é, aquelas e aqueles

---

3 Inspiro-me aqui nas discussões que ocorreram no GECo (Grupo de Estudos Construtivistas, ULB) baseadas no trabalho de Katrin Sohldju, *Interessierte Mililieus oder die Experimentelle Konstruktion "überlebender" Organe*, in K. Harrasser et al. (eds.), *Ambiente. Das Leben und seine Räume*, Viena: Turia, 2010, p. 51-64.

que sabem como lê-las, pois partilham com seus autores não apenas os mesmos "meios", com seu *savoir-faire* e seus instrumentos, mas também as mesmas exigências quanto ao que é uma "resposta objetiva", a mesma definição do que é um "fato" capaz de autorizar uma interpretação bem determinada. A avaliação é, portanto, "rápida", não no sentido de que ela não exige trabalho ou esforço, mas no sentido de que as objeções que dali emergem não impõem questionamentos sobre princípio ou doutrina, correspondendo antes à verificação das preocupações comuns a todos os "competentes" envolvidos: o quão extenso é o campo do êxito. Os "fatos" se sustentam? Eles autorizam o autor a concluir o que ele conclui?

É por isso que, como sublinhou Bruno Latour, o pesquisador nunca está sozinho em seu laboratório: ali estão virtualmente presentes todos aqueles cujas objeções podem, e devem, ser antecipadas. Por outro lado, estão ausentes todas as questões que a transplantação exclui. É por essa razão que dirigir-se a leitores que pertencem a outros meios em que outras perguntas são cultivadas cria um problema, que muito frequentemente é traduzido em uma operação de captura.

Há uma grande diversidade de modos de captura, a depender da capacidade do outro de fazer valer suas próprias condições. Em um extremo, há a indústria, com seus pesquisadores trabalhando em laboratórios hiperequipados, seus advogados, suas equipes de marketing etc. Nesse caso, a eventual captura do interesse do pesquisador implica uma transformação consequente da proposição científica, expressa pelo volume de literatura cinzenta[4] produzida – a qual, na maioria das vezes, é

---

4 A expressão designa o conjunto de pesquisas que não são controladas pelos dispositivos tradicionais de produção e circulação científicas, como relatórios empresariais, normas técnicas e documentos governamentais, entre outros. (N.R.T.)

protegida por sigilo industrial. No outro extremo, há o "grande público" a quem os cientistas de boa vontade – dedicando uma parte de seu tempo precioso a esse trabalho caridoso – explicam como a "ciência", a partir deste momento, é capaz de responder a suas preocupações, às perguntas feitas a si mesmo – até mesmo às que o Homem, desde sua origem, se fez. Dois tipos de transformação que não têm muito em comum, salvo o fato de que não conservam o que conectava os pesquisadores, o que lhes era importante e conferia valor próprio a uma proposição inédita: sua coleção de "mas então...", de "portanto, isso deveria...", de "e se...?". A indústria transformará o novo em "inovação", ou anunciar uma ruptura com a humanidade inteira ("antes acreditávamos, agora sabemos...").

A imagem esboçada aqui em linhas gerais é ao mesmo tempo um pouco caricatural e demasiado indulgente. Ela é indulgente porque, com a economia do conhecimento – um nome melhor seria "economia especulativa da promessa" –, as distinções se confundem. Diante, por exemplo, das promessas mirabolantes das biotecnologias, somos por vezes levados a imaginar uma Terra do Nunca, onde piratas perseguem Peter Pan e os garotos perdidos, mas, por sua vez, são perseguidos pelos nativos que são, de sua parte, perseguidos pelos animais selvagens, que são perseguidos pelos garotos perdidos. Quem acredita em quem, quem segue quem, quem é capturado pelo sonho de quem? No fundo, já não importa mais, pois aquilo que Félix Guattari chamou de máquina, hoje faz especulação e produção coincidirem; e isso funciona, cria bolhas, colapsa e absorve sempre mais capital, pesquisadores, sonhos. Por outro lado, a imagem é caricatural porque existem pesquisadores-autores--críticos para quem a "saída dos fatos do laboratório" merece ser pensada com as mesmas exigências aplicadas ao que é feito dentro dele. Digamos apenas que esses não são apenas minoria, mas também considerados um pouco suspeitos por seus colegas; como se estes duvidassem de sua lealdade à única coisa que deveria importar. De certo modo, aliás, essa suspeita é justificada, na medida em que o exemplo em questão demonstra a não contradição entre "estar situado" pelo pertencimento a um coletivo científico e "se situar" ativamente, isto é, criar com outros relações que não visam a captura.

Deixemos agora o âmbito das ciências experimentais, com base nas quais o modelo da ciência rápida foi inventado, para nos deter por um instante no extremo oposto, nessa produção de saber que não é uma ciência: a filosofia. E tomemos o caso de um filósofo conhecido, Gilles Deleuze. Como ele seria avaliado? Seu número de citações em revistas bem cotadas na filosofia (geralmente de inspiração analítica) seria muito baixo. Quanto à sua produção, ela seria considerada pífia, pois Deleuze não publicou muitos artigos e, na maior parte das vezes, quando o fez, foi em revistas que não contam. Seus livros não contam, tampouco – um livro fica "fora da avaliação", pois um "verdadeiro pesquisador" publica para seus colegas, sob o jugo dos pareceristas. A avaliação (rápida) "pelos pares", portanto, condena uma maneira de fazer filosofia. Pois existem certos tipos de filósofos que (só) publicam para seus colegas e se entrecitam abundantemente, uma vez que são as teses de colegas que eles discutem, criticam, complicam, completam, modificam. Tais modos de reconhecimento ou de avaliação são dificilmente conciliáveis: para o próprio Deleuze, a prosperidade acadêmica desses "filósofos rápidos" teria como correlato o assassinato da filosofia.

Mas a questão posta aqui não opõe "a ciência" à filosofia. Ela atravessa o domínio das ciências, submetendo oficialmente todas elas ao mesmo modelo ideal, o do julgamento por "colegas competentes", capazes de avaliar a contribuição de um dos seus para o avanço coletivo do saber. Para tratar dessa questão, é preciso eleger uma característica capaz de definir esse domínio. Escolho definir as ciências pela singularidade de um trabalho coletivo, em que o valor de uma proposição individual encontra-se atrelado à "contribuição" de tal proposição a uma dinâmica conjunta. E o faço para perguntar em que consiste uma contribuição, isto é, aquilo que conecta efetivamente os colegas competentes.

Alguns campos, como as neurociências, se caracterizam pela rapidez com a qual se empilham as publicações portando todos os signos do "êxito" de laboratório, apresentando "fatos que demonstram". E algumas dessas demonstrações contam com grandes repercussões midiáticas no modo do "antes acreditávamos, agora sabemos...". O que parece muito mais raro, porém, é o tipo de dinâmica que congrega os "colegas competentes", a qual fica evidente nas notas por meio das quais pesquisadores fazem referência a trabalhos sobre os quais baseiam os seus próprios; uma dinâmica cumulativa em que a fiabilidade de uma conclusão torna possíveis novas perguntas. Muitas das demonstrações neurocientíficas contribuem apenas para a acumulação de "fatos" sem grande importância para os colegas de campo – mesmo quando tais fatos são um grande deleite para a mídia. O que conecta os colegas competentes poderia ser, nesse caso, uma forma de pacto em torno das hipóteses que "é preciso levantar" para conferir uma significação determinada àquilo que pôde ser observado com uma instrumentação sofisticada. Questionar essas hipóteses, "sem as quais a ciência não seria possível", é tão perigoso quanto violar um tabu – "não toque isso, não faça essa pergunta, senão você não é mais um cientista!". E é assim que uma montanha de artigos "metodologicamente impecáveis" pode, como foi o caso da psicologia behaviorista, cair na insignificância quando algo que era tabu se torna o que "evidentemente" é preciso considerar (sob o risco de criar novos tabus...).

Em outros campos, a noção de "colega competente" fracassa em congregar, pois se depara com divergências de doutrina, com maneiras conflituosas de herdar da "ciência", incluindo aí a própria definição do que se pode pretender sob o nome de "contribuição". Essas divergências não são uma simples compartimentalização, mas uma divisão entre escolas, cada uma frequentemente definida por um adjetivo designando um pai fundador e que marca ao mesmo tempo a lealdade a esse pai e o fracasso em eliminar os rivais (Durkheim, ou Bourdieu, ou Chomsky, ou... tinham como ambição reinar sem rivais; conquistar, como fizeram Newton ou Lavoisier, a posição daquele que deu origem ao desenvolvimento enfim científico de sua ciência). Nesses campos, a própria ideia de ser avaliado por, ou citar, um colega pertencente a uma escola diferente não faz qualquer sentido, e o fato de "possuir" uma revista estrato A consiste, para cada escola, numa questão de vida ou morte.

Esses dois exemplos são sem dúvida extremos, mas têm a intenção de situar o problema das diferenças entre as ciências em torno da questão da conexão entre colegas, que foi a novidade das ciências ditas modernas. É essa questão que dissimula, por outro lado, a célebre diferença entre ciências "duras" e ciências "moles", ou então "leves", diferença na qual comumente intervêm os valores do humanismo, a irredutibilidade das relações humanas à explicação objetiva ou à medida quantitativa. O problema do "mole" é que ele está na defensiva; assim estando, é incapaz de criar uma maneira positivamente divergente de "fazer ciência", com uma dinâmica coletiva própria. Por isso, sempre que uma disciplina conquista mais espaço, anunciando que o "duro" científico vai enfim expulsar os "tagarelas moles" a golpes de fatos "verdadeiramente objetivos", seu avanço não suscita um contra-ataque organizado. Tal avanço frequentemente dá lugar a protestos gerais, que se voltam para os princípios. Ao contrário, tal apelo a princípios não impedirá a ciência conquistadora de ser imediatamente acolhida como representante de um progresso irreversível, cujos pressupostos um tanto sumários não serão questionados. Mais que o refrão "para uma pergunta burra, uma resposta burra", por mais pertinente que ele possa ser, é o refrão "a física também começou pelo simples, pelas bolinhas de Galileu", que é entoado por todos aqueles que se apressam a remeter o "mole" aos "valores" dos quais, todos sabem, a "verdadeira" ciência deve se dissociar.

"A CIÊNCIA", UMA AMÁLGAMA A DISSOLVER

Fazer existir uma pluralidade das ciências contra a unicidade "da ciência" significa tratá-la como uma amálgama que deve ser dissolvida para que se liberem os diferentes componentes em sua particularidade. Dissolver uma amálgama não quer dizer julgar. Assim, a autoridade dos "fatos", a qual indica o êxito experimental, certamente não tem nada a ver com a autoridade da conclusão segundo a qual determinado produto não apresenta perigo para a saúde (teste toxicológico) ou determinada molécula recebe o estatuto de medicamento, o qual posteriormente é colocado no mercado, prescrito e eventualmente reembolsado (teste clínico). No primeiro caso, o êxito é da ordem do acontecimento: certamente esperado, mas sem garantias. No segundo, a conclusão decorre de um procedimento codificado que carrega a garantia de uma resposta. Não se trata de julgar os fatos produzidos por tais procedimentos, mas, antes, enfatizar que eles provêm de um tipo de prática muito diferente daquela que produz os "fatos experimentais". Mesmo que aquilo que é submetido ao procedimento tenha sua origem nos laboratórios de pesquisa, e mesmo que o próprio procedimento apele a uma instrumentação sofisticada, a pergunta à qual se deve responder no segundo caso é de interesse público, e a autoridade revestida pelos fatos será o fruto de uma decisão pública.

Os testes clínicos e toxicológicos não oferecem uma definição enfim científica da eficácia terapêutica de uma molécula ou do perigo de um produto. Eles respondem à necessidade perfeitamente respeitável de estabelecer distinções, mesmo que seja em função de critérios que poderão ser questionados com base em dados empíricos, como é o caso hoje com os disruptores endócrinos.[5] Aqui, se falará de "convenção", de um acordo negociado entre partes com interesses conflituosos, e isso não tem nada de vergonhoso, mas requer uma atenção e uma vigilância muito particulares. O respeito por uma convenção estabelecida entre interesses divergentes exige ficar de olho naqueles que poderiam usá-la indevidamente em benefício próprio, ou mesmo trapacear. Nesse caso, todo argumento que apela à autoridade inerente às "ciências que provam" sinaliza que uma das partes não está agindo certo.

Para caracterizar essas convenções, mobilizarei um tipo de ciência estranha à noção de ciência moderna: trata-se das ciências "camerais", definidas por serviço ao Estado enquanto guardião da ordem e da prosperidade pública.[6] Parece-me interessante alargar o escopo dessas ciências camerais para abarcar o conjunto das práticas científicas, sejam elas o laboratório, as investigações estatísticas ou os modelos de tipo operacional, que contribuem

---

5 Também chamados de "desreguladores endócrinos", são substâncias químicas que podem afetar o bom funcionamento do sistema endócrino, causando má-formação, problemas reprodutivos, transtornos de aprendizagem e aumentando o risco de câncer, entre outros efeitos. (N.R.T.)
6 Sobre esse assunto, ver os trabalhos de Foucault sobre a governabilidade e sua instrumentação. O que chamo de convenção possui um parentesco com os "conjuntos práticos" de Foucault. Escolher o termo "convenção" é abrir a questão do tipo de cuidado que a manutenção de uma convenção demanda.

para que uma decisão seja tomada (ou assim esperamos). É verdade que tais práticas podem se apresentar em termos de objetividade, método e fatos, mas o que elas produzem deveria ser chamado de "informação" sobre um estado de coisas, sobre uma situação cujas categorias respondem, antes de tudo, a um poder de agir, de avaliar, de regulamentar, que lhes é exterior. Poderíamos dizer que essas práticas atuam como um órgão de percepção, selecionando e dando forma àquilo que interessa (ou deveria interessar) a toda instituição que tem o poder de associar consequências ao que é percebido. Esse "dar forma" pode ser chamado de "objetivação", definição unilateral relativa a uma possibilidade de ação.

Muitos trabalhos de sociologia, incluindo os críticos, podem, então, ser dispostos junto às práticas camerais, e diversos especialistas vindos das comunidades científicas colaboram para essa realocação. Não se trata aqui, obviamente, de criticá-los, mas de ressaltar que tais práticas pertencem a uma linhagem muito mais antiga que a das ciências ditas modernas. Elas estão ligadas às necessidades de todo "governo", público ou privado – trata-se da arte de conduzir, e não da criação de situações que permitem, talvez, aprender algo novo. Do mesmo modo, os leitores interessados no que essas práticas produzem deveriam (idealmente) ser aqueles cujas ações podem ser "informadas" pelos saberes por elas produzidos. Os "pares" ou "colegas competentes" não desempenham, aqui, nenhum papel particular. Por outro lado, a definição do que tais práticas consideram pertinente confere um papel muito particular à ação política. Como Dewey demonstrou em *O público e seus problemas*,[7] e como testemunham o caso dos transgênicos e a intervenção

---

7 J. Dewey, *Le public e ses problèmes*, Paris: Gallimard, coleção Folio, 2010.

do movimento ACT UP[8] no protocolo para testes clínicos no tratamento da AIDS, a definição de uma "questão pública" convoca uma instituição de tipo estatal a assumir novas responsabilidades ou modificar sua própria definição de ordem pública, por conseguinte também modificando o modo como a instituição define as informações que lhes serão úteis. Assim, o acontecimento é propriamente político (para o bem ou para o mal).

A questão da pluralidade das ciências só pode ser colocada depois da dissolução dessa primeira amálgama, quando o argumento "temos de aceitar essa hipótese, caso contrário não poderemos mais definir nosso objeto de maneira científica" dá lugar ao imperativo da objetivação próprio às ciências camerais; então, a expressão "de maneira científica" é substituída por "de modo a tornar possível uma decisão". Assim, chegamos à questão da pluralidade: quando se trata dessas ciências que, ao contrário das ciências camerais, podem ser ditas "modernas", como dissolver uma segunda amálgama produzida, desta vez, pela injunção a obter "fatos" que autorizam uma interpretação que será chamada de "objetiva"?

O termo "objetividade", como pode-se suspeitar, não é adequado, pois contribui para toda sorte de amálgama: entre o objeto definido pelas ciências experimentais e o imperativo de objetivação das ciências camerais; entre fatos metodicamente definidos e fatos experimentais; entre "a ciência" e a postura de se opor à opinião irracional, subjetiva, egoísta etc. Por outro lado, a questão do êxito poderia ser associada ao que conecta

---

8 O movimento ACT UP (AIDS Coalition to Unleash Power) é um movimento internacional surgido no final dos anos 1980 para exigir dos governos medidas efetivas para erradicar a pandemia de HIV/AIDS, bem como combater o estigma e a discriminação social que recaem sobre as pessoas que têm a doença. (N.T. e N.R.T.)

os colegas competentes, ao que lhes interessa desde o princípio enquanto competentes, ao que situa sua competência.

Consideradas do ponto de vista de seu êxito, as ciências experimentais têm um aspecto bastante particular. Para obter tal êxito, a possibilidade de extrair e transplantar aquilo que está sendo estudado para um meio delineado pela pergunta do cientista não é o bastante. É preciso também que essa dupla operação não intervenha ativamente no tipo de resposta obtida – intervenção que, como se sabe, ocorre nas situações pseudoexperimentais, nas quais aquilo que é interrogado não é meramente colocado em evidência, mas também forçado a se comportar de uma maneira que satisfaça os critérios de objetividade ("aja como um rato"). A preocupação dos colegas competentes é que a extração possa provocar a "purificação" do efeito parasita da pergunta por eles colocada, que poderia embaraçar a legibilidade da resposta. Se isso é devidamente evitado, então a pergunta é uma "boa pergunta", dirigindo-se a uma dimensão do fenômeno estudado que é efetivamente passível de ser "desembaraçada" e, portanto, atribuível a esse fenômeno de maneira independente de seu meio.

Deveria, então, ser evidente que as condições do êxito experimental são muito restritivas. E o são de um ponto de vista triplo: aquilo que é estudado pode ser submetido às condições do laboratório? O que a extração elimina pode ser definido como um simples efeito "parasita"? E, finalmente, aquilo que é interrogado é indiferente à intencionalidade própria do meio ao qual ele é transplantado, meio esse que é "feito" para obter dele uma resposta? Ou seja, é "o comportamento" daquilo que é interrogado que constitui a resposta ou é *ela*, *a* própria coisa interrogada, que responde *ao* cientista? Essa última condição dissolve a amálgama que termos como obediência e submissão alimentam. O inimigo público número um do êxito experimental, assim, é algo que as ciências sociais nunca podem excluir: a possibilidade de que o "sujeito" se comporte de uma maneira que acreditou ser a que o cientista está esperando.

Desse último ponto de vista, desenha-se uma outra maneira de descrever o contraste entre as ciências ditas "duras" e "moles". As perguntas feitas por uma ciência "dura" interessam *a priori* apenas aos colegas competentes – disso decorre, aliás, a necessidade de despertar o interesse do "público" (vulgarização) e daqueles que podem tirar consequências "não científicas" de suas proposições ("impactos").[9] Por sua vez, uma ciência é chamada de "mole" quando não especialistas se sentem competentes para fazer comentários, dar sua opinião sobre as questões que ela coloca, porque as questões lhes dizem respeito ou lhes interessam. Vem daí a tripla maneira de se afastar da opinião ordinária: as investigações camerais, o procedimento crítico que se dedica a invalidar essas "opiniões" e a submissão do objeto a um método que garante a produção de um saber "diferente", que interessará exclusivamente àqueles para quem a medida primordial do progresso científico é a forma como a ciência triunfa sobre a opinião.

Ressaltar o caráter extremamente exigente do que é necessário para o êxito experimental não significa confirmar o privilégio do qual as ciências experimentais, "duras" por definição, já desfrutam, mas sim abrir espaço para outros tipos de êxito, que prolongam o experimental, mas reinventando-o, associando-o a outros tipos de condições. Tais condições não deveriam ser tratadas como "moles", pois são tão exigentes quanto as experimentais; elas "simplesmente" exigem algo totalmente diferente.

---

9 No original, *"retombées"*, que pode significar, entre outras coisas, "consequências" ou "repercussões". Optamos por empregar "impactos" por ser palavra de uso mais corrente em português no contexto dessa passagem. (N.R.T.)

Uma perspectiva que chamaremos de "pragmática" poderia, assim, substituir a noção de "visão científica" do mundo, na qual esse mundo é concebido conforme o modelo exigido pelo êxito experimental: profundamente indiferente, certamente complicado, mas admitindo apenas um tipo de êxito – a saber, a descoberta do "ponto de vista correto" que permite fazer "as perguntas corretas" a partir das quais a desordem das observações empíricas poderá se tornar inteligível. Enquanto essa visão predominar, o precedente aberto pela astronomia permanece como referência, pois, segundo nos dizem, não havia nada além de uma acumulação de dados até que Kepler e, depois, Newton descobriram o ponto de vista que os tornou inteligíveis. Acumulemos e esperamos os gênios, lemos de vez em quando na literatura neurofisiológica, ignorando a pequena diferença que existe entre um céu que se deixa observar sem que se pergunte sobre a maneira como essa observação interfere nele e um cérebro cujos modos de atividade só podem ser estudados se o sujeito que o possui "obedece" às injunções experimentais. Uma abordagem pragmática, indo na direção contrária, dirigirá uma enorme atenção a essa diferença, que implica que as condições do êxito experimental devem ser questionadas.

Pragma significa, entre outras coisas, "prática", e a prática dos cientistas é sempre da ordem do relacionar, da criação de uma relação com outros seres, que visa obter desses seres a resposta a uma pergunta. Mas há muitos tipos de relação – por exemplo, as que se dão sob o signo da sedução, da tortura, da investigação estatística... Se, como o proponho, chamamos de "ciências modernas" as práticas coletivas que reúnem "colegas competentes" em torno da questão de uma relação bem-sucedida com aquilo que é interrogado, essa relação deveria se dar de uma forma que permitisse aos colegas aprender com aquilo que estudam. Dito de outro modo, para que essa relação tenha um valor "científico" que prolonga os valores do êxito experimental, ela deve exigir que aquilo que é interrogado tenha efetivamente a capacidade de colocar em risco a pergunta que lhe é feita.

A proposição que acabo de sugerir pretende contribuir para a abertura de uma questão, não para resolvê-la. Isso porque prolongar, aqui, não significa assemelhar-se. "Ter a capacidade" não significa apenas "ter a possibilidade de": significa, quando lidamos com os seres "educados" que são os humanos, que eles se sintam habilitados a compreender – e, se for o caso, contestar – a maneira pela qual são tornados "alvo" de uma pergunta. É por isso que, para Bruno Latour, o protesto virulento de certos praticantes das ciências experimentais contra os sociólogos que examinavam suas práticas – eles protestaram porque entenderam o sentido das perguntas ali colocadas , – pode ser visto como uma *felix culpa* das ciências sociais, um engano com consequências felizes.[10] Esses praticantes tomaram como um insulto as perguntas que não levavam em conta aquilo que lhes importava: seu êxito em conferir a seus fatos o poder de fazer os cientistas concordarem. Para Latour, as ciências sociais (não camerais) deveriam aprender a lição: elas se equivocaram todas as vezes em que aqueles por elas estudados responderam "sem criar caso".[11] É apenas com protagonistas "recalcitrantes", isto é, que exigem que aquilo que importa para eles seja reconhecido e levado em conta na maneira como são abordados, que se pode criar uma relação capaz de reivindicar um valor científico.

10 B. Latour, *Changer de société. Refaire de la sociologie*, Paris, La Découverte, 2006, p. 134-143. [Ed. bras.: *Reagregando o social: uma introdução à Teoria do Ator-Rede*. Salvador: Edufba/Edusc, 2012.]
11 A expressão em francês traduzida aqui é *"faire d'histoires"*, como em algumas regiões do Brasil com a expressão "fazer história", ela significa fazer escândalo, chiar, espernear, criar caso. Stengers se aproveita aqui da proximidade que a expressão tem com a ideia de fazer algo histórico, assim como recorre a essa ambiguidade em seu livro coescrito com Vinciane Despret, *Les faiseuses d'histoires*. (N.T.)

CONTRASTES

Enquanto o tipo de risco próprio às ciências experimentais exigiria a indiferença dos interrogados em relação à pergunta feita, as ciências sociais exigem sua não indiferença – certamente, não o direito de ditar aos cientistas como querem ser descritos, mas a capacidade de avaliar a pertinência da relação que lhes é proposta. Esse contraste ativa outros. Assim, é certo que aquilo que o "sociólogo latouriano" relata a seus colegas é bastante diferente do que relata o experimentador, e o é em ao menos três aspectos. Em primeiro lugar, ele não pode mais pretender tratar de fatos que impõem sua própria interpretação, o que transformaria os colegas em verificadores capazes de colocar à prova, em seu próprio laboratório, as consequências que "deveriam" (*doveria*, a primeira palavra da experimentação, inscrita por Galileu no célebre folheto 116f)[12] ou que "poderiam" (*e então!*, a segunda palavra da experimentação) se desdobrar daqueles fatos. Em segundo lugar, os colegas pesquisadores não são mais congregados por meio de uma dinâmica coletiva, na qual cada êxito em criar uma relação abre ou fecha novas

---

12 A bola, rolando a partir de uma altura determinada ao longo de um plano inclinado, "deveria" cair aqui: para a reconstituição dessa experiência realizada em 1608, ver I. Stengers, *La vierge et le neutrino*, Paris: Les empêcheurs de penser en rond, 2006.

possibilidades de criação de relações. Por fim, essa congregação tende a ser ainda mais rara se esses pesquisadores não forem os únicos destinatários da divulgação do êxito da pesquisa. De fato, um êxito desse gênero pode interessar muita gente e até mesmo transformar a maneira como os sociólogos serão acolhidos e postos à prova por outros grupos.

Encontramos aqui o argumento típico das ciências "moles": a diferença entre os humanos e as esferas que, rolando ao longo do plano inclinado de Galileu, confirmaram seu *"doveria"*. É verdade que as práticas científicas que tentam contornar esse tipo de diferença acabam assombradas por ela: a possibilidade de que seus sujeitos entendam como "devem" responder é um verdadeiro pavor para essas ciências. Por exemplo, na psicologia experimental, o interesse dos sujeitos investigados por um saber que lhes diz respeito aparece como uma verdadeira maldição, uma vez que se espera daquilo que é interrogado um "comportamento" indiferente ao sentido da pergunta que lhe é feita. Todavia, os truques utilizados para "enganar" o sujeito não são suficientemente secretos ou robustos (ao contrário daqueles empregados pelos ilusionistas) para evitar que os "fatos" sejam altamente perecíveis – tal prazo de validade indica a plausibilidade da inocência atribuída aos sujeitos.

No entanto, essa diferença de abordagens pode ser explicada por um contraste, mais que por uma oposição; um contraste que diz respeito à criação de relação e os riscos nela envolvidos, mas também aos colegas competentes e aquilo que os conecta. Isso é importante porque, sem a conexão entre colegas, as tão preciosas reflexividade e lucidez crítica dos pesquisadores não são capazes de mudar a situação presente: o "mole" permanecerá mole, isto é, desprovido da dinâmica coletiva de construção dos saberes que caracteriza as ciências modernas. Alguém poderia alegar que isso não é um problema, e talvez não fosse mesmo em um mundo diferente do nosso. Mas, neste mundo, as instituições acadêmicas tomaram por modelo a forma de pesquisar própria às ciências rápidas e seus colegas competentes, o que significa que os imitadores das ciências rápidas terão sempre vantagem. Desnecessário dizer que a avaliação objetiva se empenha em transformar essa vantagem em pura e simples hegemonia.

A "desaceleração" das ciências não é resposta para a pergunta sobre como criar contrastes entre elas, mas é a condição *sine qua non* para tal resposta, assim como para práticas de avaliação que conectem colegas, liberando-os do modelo do conhecimento cumulativo sobre um mundo considerado dado. Nossos mundos exigem outros tipos de imaginação para além do "mas então isso deveria..." ou "e, portanto, isso poderia...". À pluralidade dessas demandas poderia responder uma pluralidade de dinâmicas de aprendizagem coletiva, colocando em jogo o que significa os riscos que cada ciência enfrenta para estabelecer relações.

Nesse sentido, considero promissora a maneira como certos etnólogos aprenderam a reconhecer o que tal criação de relação exigia, arriscando soltar as amarras de uma ancoragem colonial que garantia uma diferença estável entre o etnólogo e aqueles que ele interroga. Seus relatos constituem menos um saber "sobre" que um saber "entre", um saber indissociável da transformação do próprio pesquisador, cujas perguntas foram colocadas à prova por outras maneiras de atribuir importância às coisas, aos seres e às relações. E é porque esse tipo de transformação, com seus riscos e mesmo seus perigos, diz respeito a todos os colegas que eles são considerados "competentes", isto é, fortemente interessados pelo que um deles aprendeu, pelos limites com que se deparou, pela maneira como pôde negociá-los ou reconhecer seu sentido, mas também pela maneira como foi forçado a se situar, a aceitar que sua maneira de pensar, escutar e antecipar o situa. Isso é o que Eduardo Viveiros de Castro chama de um processo de "descolonização do pensamento", mas, em minha abordagem, tal processo não recebe conotação de culpabilidade nem de heroísmo. Penso-o em termos de aprendizagem: o etnólogo certamente pode manter viva na memória a ligação densa que existe entre etnologia e colonização, mas não é isso que o tornará capaz de aprender com aqueles que aceitam acolhê-lo.

Outros campos oferecem exemplos de aprendizagens coletivas relativamente parecidas, ainda que menos laboriosas, especialmente aqueles que lidam com aquilo que tem estatuto de arquivo para os pesquisadores. Não se trata apenas de textos, mas de tudo o que pode prestar testemunho do passado – dos humanos ou da Terra e de seus habitantes. De fato, pode-se dizer que o arquivo é algo "dado", mesmo quando aquilo que se arquiva não cessa de se multiplicar. Mas essa própria multiplicação, a sobreposição sutil de testemunhos diversos que tomam consistência uns por meio dos outros, contribui não apenas para a expansão do conhecimento, mas para o aprendizado de novas maneiras de narrar os passados, de explorar sua consistência própria sem submetê-los a simplificações definidas por uma perspectiva "progressista", em termos de "ainda" e "já".

Todavia, a maneira como a amálgama "a ciência" entra em conflito com aquilo que torna uma ciência fecunda permite sentir a insistência de valores diferentes dos "fatos que provam", indicando outros modos de avaliação. Desse ponto de vista, o campo da biologia evolutiva é exemplar. Desde Darwin, ele se constituiu recusando a ideia de um progresso conduzindo ao humano, mas é assombrado pelo orgulho polêmico de ter, desse modo, ilustrado o grande modelo da "ciência que vence as ilusões". Como em outros âmbitos, perguntas sobre a maneira de "narrar bem" se multiplicam, se refinam, respondem umas às outras, mas em nenhum outro âmbito elas são tão sufocadas por uma máquina que reduz toda a história a "fatos" que testemunham de forma monótona a mesma verdade, a da seleção natural. E não são apenas as histórias contadas pelos biólogos evolutivos que se tornam "evidência material".[13] Da etologia às ciências humanas, uma "ciência" enfim verdadeira publica em revistas estrato A "fatos" que são extraídos brutalmente de seu meio e são interpretados como comprovação (mas, claro, sem que se recorra ao menor "isso deveria" ou "e então...") do poder explicativo geral da seleção natural, que se dirige contra as ilusões dos colegas "atrasados" que "ainda" buscam cultivar as maneiras de aprender. Em nenhum outro âmbito o modelo dos fatos que "provam" desencadeou tanta violência destrutiva, respaldada por um modo de avaliação surdo aos protestos dos que veem seu campo ser destruído pela estupidez. Pobre Darwin!

Na etologia, a situação é ligeiramente diferente. Poderíamos dizer que a primatologia deu um bom exemplo de trajeto de aprendizagem explícita abertamente celebrado por aqueles e aquelas que dele tomaram parte, um exemplo do que é preciso haver para que se estabeleçam relações que conferem ao interrogado a capacidade de efetivamente testar a pertinência da pergunta que lhe é feita. No espaço de poucos anos, os primatas – e, depois deles, um conjunto cada vez mais numeroso de animais – escaparam do estatuto de evidência material. Mesmo nos lugares onde a etologia é definida por um método que

---

13 A noção de "fenótipo estendido", de Richard Dawkins, é característica desse ponto de vista. Nas palavras do próprio autor, ela permite traduzir qualquer história particular seguindo a mesma moral: a da genética das populações. Lembrando a astronomia pré-copernicana, que "salvava" os movimentos celestes, isto é, os reduzia a agenciamentos de círculos (epiciclos), pode-se dizer que o conceito de fenótipo estendido, a extensão da noção de fenótipo, definido como genericamente determinado em última instância, a tudo aquilo que equipa o animal em seu meio (as teias das aranhas, as barragens dos castores, os livros dos humanos) é uma máquina de produzir epiciclos.

garante sua "cientificidade", as normas que censuravam tudo o que pudesse ser suspeito de antropomorfismo perderam sua estabilidade.[14] Que uma equipe renomada ouse levar a sério uma pergunta que, antes, provocava risinhos, e que um periódico renomado publique o artigo bastam para suspender o tabu, e as equipes de pesquisa se jogam nessa brecha aberta. Mas, mesmo nesse caso, o princípio do tabu permanece intacto. O fato de incluir o que antes estava excluído é celebrado como um "progresso" e não coloca em questão "o método", fora do qual tudo é tratado como mera anedota insignificante. Não aprendemos nada, apenas provamos algo (por exemplo, que animais *antecipam* uma recompensa, o que bagunça o esquema behaviorista). É claro que muitíssimos "fatos" podem cair no esquecimento quando o que antes era negado se torna o que é preciso levar em conta. Mas são fatos do mesmo gênero, respondendo aos mesmos critérios de cientificidade que as revistas estrato A, as revistas "sérias" das quais dependem as carreiras dos pesquisadores, continuarão a privilegiar...

Não tenho dúvidas de que pensadores cuidadosos e meticulosos encontrarão muitas faltas nas descrições anteriores. Preciso dizer que elas não pretendem descrever o todo, são mais uma tentativa um tanto bruta de sacudir nossas rotinas, de fazer vacilar a ideia de que, apesar das reclamações rituais sobre a compartimentação excessiva das pesquisas e sobre a necessidade de inter(ou trans)disciplinaridade, nossas instituições de pesquisa, antes de serem desmanteladas, eram, à primeira vista, a tradução de uma divisão saudável do trabalho, respondendo a uma zelosa obrigação com o avanço do conhecimento. Mais precisamente, trata-se de um experimento mental que responde a uma

---

14 Ver V. Despret, *Penser comme un rat*, Versalhes: Quae (coleção Sciences en question), 2009.

hipótese muito simples: o tipo de saber associado, desde Galileu, à noção de ciência moderna teria a característica muito singular de não ser, em primeiro lugar, discursivo, equipado com os "e portanto" e os "visto que" os quais permitem passar de um enunciado a outro. Esse saber transforma cada "e portanto", cada "visto que" em algo que só será válido na medida em que se comunicar com o evento de uma relação bem-sucedida, então seu valor é um suspense. Meu experimento mental tentou explorar a possibilidade de que as dinâmicas coletivas de construção de saber se agenciem em torno do aprendizado dessa arte de criar "suspense".

Evidentemente, não se trata de um experimento de pensamento programático; tentei apenas utilizar essa hipótese como aquilo que Whitehead chamava de "isca" para o pensamento e a imaginação. Meu intuito foi fazer pensar e sentir que não sabemos do que nossas ciências podem se tornar capazes, ou do que poderiam ter se tornado capazes em um mundo um pouco diferente, no qual o valor daquilo que um cientista "relata", que será avaliado por seus colegas competentes, se comunicaria com um novo tipo de realismo, o da exploração do que pede uma realidade, quando o que precisamos relatar sobre ela é indissociável daquilo que ela nos compeliu a aprender.

SIMBIOSES

Uma coisa é certa: esse mundo "um pouco diferente" não é um mundo onde se respeitaria a ciência "pura", o puro esforço do Homem apoiado sobre suas duas patas e decifrando, um após o outro, os enigmas do mundo que o circunda. A partir do surgimento das ciências modernas, surgiu a valorização dos saberes científicos e a ideia do "templo da ciência", que acolheria, segundo a imagem mobilizada por Einstein, aqueles que querem fugir da mediocridade do mundo para descobrir sua inteligibilidade profunda, remetendo ao ideal de uma verdade contemplativa que não tem absolutamente nada a ver com a singularidade das ciências modernas. No entanto, o que chamamos de "valorização" da ciência – a valorização do conhecimento científico por razões além de sua contribuição ao "avanço do conhecimento" – deve, é certo, escapar do duplo modelo das ciências experimentais e camerais, permitindo, ao mesmo tempo, descrever esses modelos como casos particulares. Tentarei aqui me valer da noção de simbiose, articulação entre seres heterogêneos enquanto heterogêneos – isto é, enquanto seres que importam seus respectivos mundos de outra forma –, na qual cada um se beneficia à sua própria maneira.

A história das ciências experimentais oferece vários exemplos de simbiose: com a matemática, com a técnica, mas também com aqueles que têm o poder de "valorizar" o que elas produzem. A simbiose ocorre também com as ciências camerais, cujas convenções não cessam de ser revistas em resposta à contínua transformação do que deve ser levado em conta, considerado legal, regulamentado, proibido, controlado. Os "deve-se", "pode-se", "não se pode", "é preciso" não são jamais redutíveis aos "e portanto" que decorreriam de uma proposição científica; eles são sempre o resultado de negociações entre os interesses que terão mais ou menos peso, a depender das circunstâncias, na definição do que significa prosperidade ou ordem.

Mas essa história também mostra como um agenciamento simbiótico é sempre suscetível a cair em uma relação de captura pura e simples. O destino da galinha dos ovos de ouro que acreditou que seus ovos, por serem indispensáveis, lhe permitiriam escapar do imperativo da flexibilidade competitiva está aí para nos lembrar disso. A noção de simbiose é interessante porque remete ao mesmo tempo a uma pluralização dos modos de "valorização" e a uma atenção ativa ao perigo da captura.

A simbiose entre ciência e inovação técnico-industrial agora se tornou uma relação de captura pura e simples. Mas tal simbiose – esse é o tema desenvolvido ao longo destas páginas – vinha sendo caracterizada, em primeiro lugar, por uma redução radical dos protagonistas com permissão para intervir na definição do "valor" de uma inovação. Por outro lado, para que esse valor possa escapar da captura pelas palavras de ordem do progresso e da modernização, o termo "valorização" deve se tornar sinônimo de "problema", exigindo ser plenamente desdobrado. É nessa perspectiva que a "desaceleração" das ciências remete à questão de como formar cientistas capazes de participar desse desenvolvimento. Isso se daria por meio do questionamento prático do conjunto dos modos de apreciação e juízo que integram a formação das ciências vistas sob o signo do "dever" de "não perder seu tempo".

No entanto, a questão da simbiose está muito longe de se encerrar aí, e eu gostaria de terminar este capítulo fabulando um outro tipo de simbiose, que se faz possível em situações nas quais temos todas as razões para pensar em termos de antagonismo. Imaginemos ciências sociais "desamalgamadas" das ciências camerais, afirmando tanto o caráter altamente seletivo de seu êxito quanto a necessidade de que aqueles a quem elas se dirigem, aqueles sobre quem é preciso aprender, estejam habilitados a avaliar a maneira como o cientista se dirige a eles, e isso sem tentar "capturar" o investigador, sem fazer dele um porta-voz. Essa dupla condição corresponde a um agenciamento simbiótico. Tanto o investigador "visitante" quanto aqueles que o acolhem devem aceitar não capturar o outro; se essa condição é respeitada, eles se tornam capazes de aprender de modos diferentes, de acordo com o que importa para eles. Mas o que as ciências sociais requerem é também o que requer aquilo que chamamos de democracia, se a entendemos como uma dinâmica coletiva que permite àqueles a quem uma questão diz respeito que se tornem capazes de não aceitar ou defender uma formulação já acabada. As ciências sociais estariam, então, em relação simbiótica com os processos graças aos quais os grupos se tornam capazes de formular seus próprios problemas. É aqui que surge a tentação de pensar em termos de antagonismo em relação à razão do Estado, ou ao que chamamos hoje de "práticas de (boa) governança". Eu gostaria de tentar pensar isso que se apresenta sob a forma de antagonismo como o resultado de uma operação da captura, o que, por sua vez, implica a possibilidade de uma simbiose.

Tomemos como exemplo o modo de avaliação da pesquisa ou, de forma mais geral, a avaliação de todas as práticas portadoras de sentido, isto é, práticas capazes de contestar a pertinência das perguntas que lhe são feitas (caso as julguem legítimas). A realização de uma avaliação pode bem ser uma medida de governança em prol de um interesse geral (por exemplo, a necessidade de prescrever testes clínicos ou toxicológicos), ou então constatar, no caso da pesquisa, que o modo de avaliação por colegas competentes se tornou ineficaz. Porém, o que o *neomanagement* propõe como resposta a esse problema de governança é meramente o efeito de uma captura, visto que redefine a própria governança em termos de competitividade e flexibilidade (colocadas a serviço do crescimento). A própria governança e suas ciências camerais não dispõem dos meios de colocar a pergunta sobre o que seria uma avaliação pertinente, pois a pertinência não é seu propósito. Assim, se forem deixadas à própria mercê, elas julgarão todas as situações segundo suas próprias categorias: "deve estar sujeito a avaliação". A possibilidade de uma resposta que não seja defensiva ("nada de avaliação!") requer a negociação de convenções, e tais negociações exigem "recalcitrância", isto é, que os grupos concernidos possam formular o que conta para eles, o que a avaliação deverá levar em conta – é isso que constituirá uma "convenção" aceitável.

Não nos enganemos: a pergunta "como queremos ser avaliados?" é uma verdadeira provação, exigindo a dinâmica coletiva de empoderamento que associei à democracia.[15] É aí, de forma muito evidente, que as ciências sociais poderiam ao mesmo tempo aprender e valorizar seu saber em um ambiente onde ele não seria uma autoridade, mas um recurso – não "contra" a governança, mas de um modo que ativasse possibilidades de

---

15 Essa pergunta também pode surgir no campo do Direito ("como queremos ser julgados?"). Ver P. De Hert e S. Gutwirth, *De seks is hard maar seks* (dura sex sed sex). Het arrest K.A. en A.D. tegen België", *Panopticon*, n. 3, 2005, p. 1-14.

resistir à captura cameral. Entre essas ciências sociais e o Estado, não haveria nem antagonismo nem colaboração, apenas uma ligação tão precária quanto a própria definição de "Estado democrático" unindo duas maneiras de tornar algo importante, cada uma delas sendo, em si mesma, o pesadelo da outra. As ciências sociais jamais serão amigas do Estado; ao contrário, seus êxitos estão fadados a complicar-lhe a vida. Mas a maneira como o Estado espera e antecipa essa complicação – como a experimenta, ou, na melhor das hipóteses, a tolera – serve como medida da efetividade de sua relação com o que chamamos de democracia.

O trabalho de Elinor Ostrom é um exemplo desse tipo de aporte das ciências sociais. Ela complicou a conclusão supostamente incontornável segundo a qual um recurso sujeito a superexploração por seus usuários deveria ser protegido seja por regulamentação pública, seja por privatização (presume-se que o proprietário cuidaria dos recursos, por interesse próprio...). Ostrom mostrou que essa conclusão só é válida se definirmos os usuários em termos de um agregado de comportamentos ditos individuais. Cada indivíduo, mesmo quando tem escrúpulos diante da possibilidade de uma superexploração, se recusaria a ser o "tolo altruísta" enquanto os outros abusam e se aproveitam de maneira egoísta dos recursos que ele se proíbe de explorar. Ostrom estudou a maneira como funcionavam os grupos que, em toda parte, desmentem essa conclusão, e também a maneira como a capacidade de outros grupos de fazê-lo foi destruída por uma intervenção "bem-intencionada" dos poderes públicos. Dessas investigações empíricas, a autora conseguiu extrair as condições que tornam possível o funcionamento do que é genericamente chamado de "comuns".[16]

---

16 E. Ostrom, *La Gouvernance des biens communs,* Bruxelas: De Boeck, 2010.

A superexploração é, portanto, um caso geral, mas sua generalidade muda de sentido: ela corresponde a um processo de expropriação, à destruição daquilo que torna um grupo capaz de constituir uma inteligência coletiva, que tem entre suas consequências a satisfação das condições definidas por Ostrom. Trata-se mesmo de consequências, não de finalidade: é importante sublinhar que as condições propostas por Ostrom não são responsáveis pela capacidade de um grupo não destruir aquilo de que ele depende. As condições são aquilo de que o grupo depende para se tornar capaz. Em outras palavras, Ostrom não "entendeu melhor" que os próprios grupos capazes de "êxito" como não superexplorar os recursos dos quais eles dependem. Do êxito comum a esses grupos, ela extraiu não uma receita, mas uma lição endereçada àqueles que têm o poder de destruir essa capacidade.

Essa é uma distinção importante, pois estamos acostumados às operações de extração e implantação por meio das quais as ciências experimentais identificam o que técnicas antigas faziam "sem saber", possibilitando assim uma "modernização", uma reimplantação do que foi extraído em um meio novo, que dará novas significações (rentabilidade, competitividade etc.) ao que foi "liberto" dos métodos antigos. Mas se é verdade que esse tipo de operação requer que a extração seja exitosa, ele não deveria acarretar o direito autoconcedido de separar o que alguns julgam importante do que é considerado uma ilusão. Assim, quando, por exemplo, os cognitivistas afirmam que a noção de competência é o que "verdadeiramente" importa, independentemente de quais forem as "ilusões" dos professores, e quando os pedagogos se apropriam dessa noção para implantá-la no meio escolar, eles estão convencidos de que realizam uma "modernização" da pedagogia, por meio da qual ela se tornará mais eficaz e democrática. A operação não funcionou, para dizer o mínimo, e a situação seria provavelmente a mesma se, devido a um mal-entendido, as condições extraídas por Ostrom fossem remetidas a projetos de "aplicação", causando um curto-circuito na questão sobre o que faz um grupo permanecer junto, sobre a maneira como ele faz seu mundo importar, ou como os seres que povoam esse mundo importam para ele.

Aqui, novamente, o modelo de simbiose estabelecido entre laboratórios de pesquisa e "desenvolvimento das forças produtivas" é um mau modelo. O que não significa, de modo algum, que a própria ideia de extração deva ser banida. As ciências funcionam por extração e, se há processo de aprendizagem, ele incide sobre a extração daquilo que, implantado num lugar, pode ser levado a outros. É a maneira como extração e modernização foram vinculadas que é problemática, que transforma a pergunta "o que podemos aprender aqui?" em um princípio de julgamento que identifica o que foi extraído como a coisa verdadeiramente importante, relegando todo o resto a um amontoado de crenças e hábitos parasitas. Dissolver esse vínculo exige uma séria proibição: *que ninguém esteja autorizado a definir "o que importa verdadeiramente"*. Essa proibição não é moral, mas sim a condição de uma cultura da simbiose – uma cultura da capacidade na qual cada protagonista é capaz de apresentar o que importa *para si*, sabendo que tudo o que aprender com o outro deverá ser entendido como respostas às perguntas que importam *para ele próprio*. Perguntas cujo valor certamente reside em sua pertinência – o que demanda que as perguntas não sejam impostas unilateralmente, para que as respostas não sejam uma extorsão –, mas é precisamente a pertinência que proíbe o sonho da extração do que é "verdadeiramente importante" a despeito do que o outro pode "acreditar". Não podemos nos apoderar daquilo de que dependemos. Se o que faz existir o outro em sua consistência própria é o que permite sua recalcitrância, e se isto é condição da aprendizagem da pertinência, o sonho em questão não remete à aventura das ciências modernas, mas aos bons tempos das colônias, quando certos povos eram, assim como todo o resto, recursos de onde se extraía aquilo que nos permitia "progredir" – o que, no caso em questão, implica afirmar "eles acreditam/nós sabemos".

DESACELERAR...

A lentidão não é um fim em si mesmo e não se resume à exigência de "nos deixem em paz" dos pesquisadores que ainda se consideram no direito de receber um tratamento privilegiado. O trajeto realizado aqui tentou dar tanto à lentidão quanto à rapidez um sentido que, ao contrário, aproxima os pesquisadores de todos os que sabem que os imperativos da flexibilidade e da competitividade os condenam à destruição.

Os próprios riscos inerentes à destruição nos remetem ao episódio dos cercamentos, quando comunidades campesinas não foram apenas expropriadas do que era para elas um recurso vital, mas também separadas do que as mantinha juntas. Com a privatização do comum, saberes práticos, mas também modos coletivos de fazer, pensar, sentir e viver foram destruídos. Se o capitalismo parece se adaptar tão bem ao que, hoje, é chamado de Estado democrático, é porque as raízes de ambos remontam a esse tipo de destruição. O indivíduo democrático, aquele que diz "eu tenho o direito...", é aquele que se orgulha de uma "autonomia" que, na verdade, transfere ao Estado a obrigação de "pensar" sobre as consequências. Estranha liberdade esta de não precisar pensar. Quanto ao capitalismo, ele tem o caminho livre em um mundo disponível a suas redefinições, todas elas aumentando nossa dependência a modos de produção que, como os cercamentos, supõem e acarretam, como as prisões, em um processo "progressivo" que destrói toda possibilidade de inteligência coletiva – o que as instituições de pesquisa, na esteira de tantas outras, estão descobrindo atualmente.

Falar em destruição significa afirmar que nenhuma resistência pode existir sem aquilo que os ativistas estadunidenses chamam de *reclaim* – recuperar, curar, tornar-se novamente capaz do que fomos separados. Esse processo de "recuperação" começa sempre com a vívida experiência de que estamos de fato doentes, e isso há muito tempo, há tanto tempo que não nos damos mais conta do que nos falta e consideramos "normal" aquilo que supõe e cultiva a doença. O que tentei fazer no caso particular da pesquisa científica e da avaliação dos pesquisadores foi pensar a partir do que está faltando, daquilo cuja falta nos adoece. Por mais críticos e lúcidos que sejamos, somos crucialmente incapazes de resistir ao que nos destrói (assim como os usuários dos recursos comuns de que falamos anteriormente são, individualmente, incapazes de não abusar do uso que fazem deles).

Entender-se doente significa criar um sentido do possível – nós não sabemos o que a estranha aventura das ciências modernas poderia ter sido ou o que ainda pode ser, mas sabemos que "fazer melhor" aquilo que estamos acostumados a fazer não bastará para aprender o que precisamos. Temos de desaprender a resignação mais ou menos cínica (realista) e nos tornar novamente sensíveis ao que talvez saibamos, mas de uma maneira anestesiada. É aqui que a palavra lentidão, tal como é utilizada por todos os movimentos *slow*, mostra-se adequada. A rapidez requer e produz insensibilidade a tudo o que poderia desacelerar: fricções, atritos, hesitações que fazem sentir que não estamos sozinhos no mundo. Desacelerar significa nos tornarmos novamente capazes de aprender, de encontrar e de reconhecer o que nos une e nos mantém unidos, de pensar, imaginar e, no mesmo processo, criar, junto a outros, vínculos que não sejam de captura. Trata-se, portanto, de criar entre nós e com os outros o tipo de vínculo que convém para pessoas doentes, que precisam umas das outras para reaprender – umas com as outras, por meio das outras, graças às outras – o que uma vida digna de ser vivida e saberes dignos de serem cultivados requerem.

CAPÍTULO 4

LUDWIK FLECK, THOMAS KUHN E O DESAFIO DE DESACELERAR AS CIÊNCIAS

É bastante tradicional, claro, comparar Ludwik Fleck[1] a seu "descobridor", Thomas Kuhn.[2] A minha abordagem será um pouco menos tradicional, na medida em que não tratarei esse contraste como uma questão da epistemologia ou da história do pensamento, mas sim como um experimento, um pouco como uma química que testa seus materiais usando diferentes reagentes. O reagente que adicionarei é a conexão, proposta tanto por Fleck quanto Kuhn, entre a pergunta "o que é um fato?" e aquilo que importa, coletivamente, para a comunidade particular para a qual algo é um fato. Em outras palavras, em minha abordagem, nem a epistemologia nem a filosofia têm o direito de igualar fatos com algum tipo de convenção social. A resposta à pergunta "isso é um fato?" pertence àqueles para quem essa pergunta é uma questão de interesse.

1 Ludwik Fleck (1896-1961) foi um médico e biólogo polonês que realizou importantes pesquisas sobre a febre tifoide e a sífilis. A partir dos anos 1930, dedicou-se também à epistemologia e à filosofia das ciências. Seus conceitos mais célebres são "coletivo de pensamento" [Denkkollektiv] e "estilo de pensamento" [Denkstil]. (N.T.)

2 Thomas Kuhn (1922-1996) é um filósofo estadunidense. Fez sua formação em física, da graduação ao doutorado, mas pelo resto de sua vida dedicou-se quase que integralmente à história e filosofia das ciências. É responsável, em sua famosa obra *A estrutura das revoluções científicas* (São Paulo: Perspectiva, 2017), pela sugestão do conceito de "paradigma" e de "quebra de paradigma", fundamentais para a prática da história das ciências. (N.T.)

Há vinte anos, a ideia de uma "construção social dos fatos", tal como adotada pelos pensadores críticos, foi associada ao "relativismo" pelos cientistas que se sentiam enfurecidos por ela. No entanto, conforme veremos, a maneira como a dita "economia do conhecimento" vem mobilizando a pesquisa hoje pode significar a possibilidade de uma vitória do relativismo. Essa mobilização vem se dando por meio da destruição das dinâmicas coletivas e cooperativas relacionadas ao progresso científico, dinâmicas que Ludwik Fleck descreveu pela primeira vez em seu *Gênese e desenvolvimento de um fato científico*,[3] uma descrição que inspirou o famoso *A estrutura das revoluções científicas*[4] de Thomas Kuhn. Submetendo Fleck e Kuhn ao teste dessa nova configuração, proponho que coletivos de pensamento científico, diante da possibilidade de sua destruição, deveriam aceitar ativamente que sua preocupação com "fatos" deve incluir a maneira como esses fatos se tornam importantes para outros coletivos.

Começarei minha exploração por Thomas Kuhn porque eu mesma experienciei o tipo de pensamento coletivo que ele caracterizou. Na verdade, li Kuhn pela primeira vez logo após terminar meu mestrado em Química, quando me voltei à filosofia e comecei a explorar os recursos do meu novo campo. Assim, li *A estrutura das revoluções científicas* tendo recém-saído da experiência de receber uma educação científica e pensava que ali estava, enfim, uma exposição realista da maneira como os estudantes se tornam parte de um tipo de comunidade disciplinar caracterizada por Kuhn como "ciência normal" –

---

3 L. Fleck, *Genesis and development of a scientific fact*, Chicago: University of Chicago Press, 1979. [Ed. bras.: *Gênese e desenvolvimento de um fato científico*. Belo Horizonte: Fabrefactum, 2010.]

4 T. Kuhn, *The Structure of Scientific Revolutions*, Chicago: University of Chicago Press, 1962. [Ed. bras.: A estrutura das revoluções científicas. São Paulo: Perspectiva, 2013.]

uma comunidade trabalhando dentro de um paradigma que não sente a necessidade de questionar, ou sequer vê a possibilidade de fazê-lo.

Na verdade, voltei-me à filosofia precisamente porque me sentia incapaz de me adequar à divisão estrita entre as perguntas científicas produtivas e as "inúteis", aquelas que interessam aos praticantes da filosofia. Experienciei a normatividade invisível que Kuhn associa aos paradigmas, o papel de senso comum que eles desempenham, a partilha irrefletida daquilo que define o pertencimento a uma comunidade.

Acredito que minha leitura era típica aos físicos e químicos. Eles aceitaram e endossaram a noção de um paradigma como uma maneira de compreender a natureza cumulativa do progresso que ocorre nesses campos científicos, onde os praticantes estão de acordo quanto aos critérios para os tipos de perguntas a serem feitas àquilo a que se dirigem, para as ferramentas usadas para fazer essas perguntas e para o que constituirá uma resposta aceitável.

No entanto, como sabemos, a recepção ao trabalho de Kuhn foi um processo complicado. Para caracterizar como ele foi recebido por diferentes coletivos de pensamento, é útil empregar a noção de "questão de interesse" como um caso do que Ludwik Fleck chamaria de "interações intercoletivas".

O primeiro coletivo a reagir foi, evidentemente, o dos filósofos da ciência, que ficaram escandalizados com a afirmação de Kuhn de que os paradigmas eram incomensuráveis. A ideia de que não há fatos neutros apoiando uma comparação entre paradigmas rivais foi vista como uma ofensa à sua posição autoconcedida de guardiões da racionalidade científica, aqueles cuja tarefa é extrair as normas racionais que devem ser respeitadas, de modo a garantir o progresso do conhecimento científico, e pensar com elas. Essa reação demonstra a diferença entre coletivos de pensamento. Para esses filósofos, o fato de que comunidades científicas eram capazes de escolher um paradigma e não outro, sem razões que eles reconheceriam como racionais, equivaleria a interpretar tal escolha nos termos de uma psicologia de massa.

Nos anos 1980, porém, novos coletivos de pensamento entraram em cena. Cada um possuía uma agenda distinta, mas eles tinham uma preocupação em comum. Fossem teóricos críticos, feministas, especialistas em estudos pós-coloniais ou pesquisadores de um novo tipo de sociologia da ciência, eles consideravam crucial para seus propósitos mostrar que as ciências eram uma prática social como qualquer outra. Uma concordância entre cientistas era apenas uma concordância entre protagonistas sociais sobre uma realidade incapaz de fazer qualquer diferença; incapaz, isto é, de ser dotada de qualquer responsabilidade por tal concordância. Era algo que estava acima de todas as ciências paradigmáticas que eram alvo dessa afirmação, já que outros campos mostravam muito claramente sua dependência das ideias humanas e escolhas metodológicas.

Desse modo, os paradigmas de Kuhn tornaram-se o caminho privilegiado para um entendimento inclusivo e relativista das ciências, retirando suas afirmações de um registro universal. Se até mesmo uma ciência como a física não tinha acesso privilegiado a uma realidade capaz de forçar a concordância entre todas as pessoas racionais, a conclusão é que todo conhecimento deve ser uma construção social. O caminho estava livre, assim, para a agenda de cada coletivo: para a luta contra a desqualificação imperialista de modos não modernos de entendimento da natureza; para a busca por epistemologias feministas; ou para explicações sociológicas do triunfo de um paradigma sobre outro.

Como sabemos, a resposta dos cientistas às implicações do trabalho Kuhn foi muito diferente. Eles não partilhavam da preocupação filosófica com a incomensurabilidade, mas se sentiam atacados pela afirmação crítica de que seu acesso à realidade poderia ser reduzido a um mero acordo social. Sua reação ganhou o nome de "guerra das ciências" e, independentemente do quão grosseiros os argumentos dos combatentes possam ter sido, defendo que os levemos a sério. Mais precisamente, devemos manter em mente que o tipo de coletivos de pensamento que Kuhn descreveu não se importa, de fato, com a ideia de que eles exemplificam um processo particular de aquisição de conhecimento racional. Ao contrário, o que os preocupava era a afirmação dos construtivistas sociais de que aquilo a que eles se dirigem é irremediavelmente mudo, isto é, incapaz de distinguir entre diferentes modos de entendimento. O que eles rejeitaram foi a afirmação de que cada pensamento coletivo possui sua própria maneira de "ver" a realidade. A incomensurabilidade não era um problema para eles desde que ela significasse apenas a ausência de uma metaposição neutra, a partir da qual seria possível avaliar o mérito de dois paradigmas rivais. A incomensurabilidade se tornou um problema apenas quando passou a significar que todos os modos de conhecer devem ser reconhecidos como equivalentes de alguma forma.

O físico Steven Weinberg, que se tornaria um dos principais proponentes do ataque a concepções culturais e relativistas da ciência, escreveu na época sobre o quão surpreso ficou de ver que Kuhn se tornara uma referência fundamental para seus inimigos, um papel que o próprio nunca teve a intenção de desempenhar. Ao reler Kuhn, ficamos impressionados com a profunda ambiguidade de seu texto, um texto "pato-coelho", fazendo referência à famosa ilusão de ótica (ver figura).

Fonte: *Fliegender Blätter*, 23 out. 1892, Wikimedia Commons

Os cientistas que, como eu, endossaram a descrição de Kuhn, viram primeiramente o coelho da distinção radical entre ciências paradigmáticas e ciências não ou pré-paradigmáticas, distinção que explicava como suas próprias ciências promoviam o progresso cumulativo, enquanto outras ciências modernas, por mais que tentassem, jamais seriam capazes de obter tal êxito. Mas então eles descobriram o pato relativista que empoderava seus inimigos.

A visão do coelho não é perturbada quando os problemas com que a ciência cumulativa "normal" lida são tratados como quebra-cabeças, e as soluções como conformadas ao paradigma. Tampouco é afetada pela incomensurabilidade entre paradigmas. Os pesquisadores sabem muito bem que o caminho entre perceber e resolver com sucesso o que Kuhn chamava de quebra-cabeças – resolução alcançada quando aquilo que o paradigma antecipa é de fato verificado – é difícil e exigente, repleto de colegas prontos para objetar contra qualquer atalho que possa desviar ou mudar o foco da questão.

Para os que veem o coelho, a própria existência de anomalias insistentes e resilientes que costumam desempenhar um papel crucial no início de uma revolução científica é prova suficiente de que Kuhn não colocou a interpretação em uma posição de vantagem, como se detivesse controle unilateral. Não haveria anomalia se a experimentação pudesse impor uma interpretação sobre uma situação muda ou confusa. Os cientistas se sentiriam livres para adotar alguma solução *ad hoc* decidida mutuamente para se livrar da dificuldade. Para esses leitores, o que Kuhn mostrara era que as objeções que colocam à prova a interpretação de um fato são relativas a uma época. Mas o que importa para eles não é a ideia da autoridade atemporal de um paradigma, mas a capacidade de esse paradigma orientar a produção de fatos que têm o poder de fazer colegas competentes e prontos para objetar concordarem em sua interpretação. Esses colegas compartilharão o mesmo paradigma, certamente, mas também exigirão uma solução de cada um dos quebra-cabeças que permita verificar efetivamente a autoridade do paradigma, isto é, que demonstre que essa autoridade não foi imposta arbitrariamente sobre uma situação incapaz de sustentá-la e confirmá-la.

Quanto à incomensurabilidade – ou por que pode ser impossível para cientistas concordarem a respeito de qual experimento produzirá uma diferença que desfrutará de autoridade entre os paradigmas em competição –, ela não significava de modo algum que, para os que viam a figura do coelho, tal diferença não pode ser *criada*. E Kuhn caracteriza, de fato, o período seguinte à proposição de um novo paradigma como sendo dominado por um processo coletivo de diferenciação crítica, durante o qual cientistas trabalham na criação de tal diferença. Esse processo implica a produção, exploração e avaliação ativas das consequências divergentes de dois paradigmas por meio da invenção de situações experimentais que marcarão a diferença de performance entre eles, permitindo, assim, a avaliação da fecundidade de cada um.

É por isso que, para Kuhn, assim como para seus leitores que enxergam o coelho, nunca se tratou de uma história de arbitrariedade ou "psicologia de massa", mas sim de uma hesitação competente e apaixonada diante de uma questão de interesse crucial, isto é, uma questão a respeito da qual os pesquisadores estão dispostos a apostar sua reputação, seu trabalho futuro e o futuro de seu campo.

Mas, então, veio a visão da figura do pato, que se aproveitou de alguns aspectos da proposta de Kuhn.

Ainda que a primeira preocupação de Kuhn fosse resistir a uma definição a-histórica dos fatos, ele sem dúvida subestimou o caráter excepcional do êxito dos tipos de fatos que inspiram a confiança dos cientistas resolvedores de quebra-cabeças, fatos cuja interpretação resistirá às objeções de colegas competentes. Quando se abriu a possibilidade de uma leitura antirrealista de Kuhn, seus leitores-coelho horrorizados descobriram que nada em seu texto se opunha explicitamente à redução dessa realização a um mero acordo social. E pior, a extensão explícita de Kuhn de sua noção de paradigma para campos como a física aristotélica ou a astronomia pré-copernicana contradizia completamente sua distinção muito fina entre ciências contemporâneas paradigmáticas e não paradigmáticas.

É bastante possível que, em ambos os casos, a influência de Ludwik Fleck sobre Kuhn tenha sido importante. De fato, a caracterização por Fleck do estilo de pensamento científico como pretendendo minimizar "o capricho do pensamento" enquanto maximiza a "constrição de pensamento" sob certas condições é relevante para *qualquer* coletivo científico, incluindo aqueles que não trabalham sob um paradigma. A ideia que Fleck tinha de um fato – tal como a relação factual, em um de seus grandes estudos de caso, entre a sífilis e a reação Wasserman – como sendo aquilo que faz parar o pensamento arbitrário livre parece possuir uma correlação com a autoridade dos casos paradigmáticos. Essa parada, Fleck escreve, "deve ser realizada por cada membro tanto como uma constrição[5] de pensamento quanto uma forma de ser diretamente percebido".[6] A leitura-pato de Kuhn se tornaria possível, então, por ele aceitar tal caracterização, pelo fato de não tomar como uma constrição de pensamento ativa as diferenças entre fatos na sociologia, na pesquisa biomédica, na astronomia pré-copernicana ou na mecânica quântica. Fazendo-o, Kuhn borra a dramática distinção que ele mesmo propôs: tais fatos podem até se parecer, mas não aquilo que Fleck e eu chamaríamos de suas histórias naturais. De forma análoga, as comunidades que trazem tais fatos à existência, comunidades que esses fatos organizam, também oferecem contrastes interessantes.

O reconhecimento por Kuhn de que ele não tinha resposta à pergunta sobre por que apenas algumas ciências se tornam paradigmáticas, enquanto outras não, mesmo que o tentem, apoia essa hipótese – e sabemos que, depois de Kuhn publicar seu estudo, muitos tentaram desesperadamente responder, mas sem muito sucesso. Parece-me que o próprio fato de Kuhn ter

---

5 "Constrição" é a tradução que adoto para um importante termo do vocabulário de Stengers: *contrainte* em francês ou *constraint* em inglês. Ele se refere às exigências e obrigações que constringem práticas de produção de saber, dando forma a elas, produzindo sua objetividade e ativando seus potenciais. "*Contrainte*" também aparece no original sem ser em seu sentido técnico, nesses casos, utilizou-se traduções diversas. Neste capítulo, adotou-se a mesma tradução para o termo "*Zwang*" de Fleck, tradicionalmente traduzido por "*constraint*" para o inglês, a fim de sublinhar a continuidade que Stengers sugere de seu próprio entendimento da ciência com o de Fleck. (N.T.)

6 L. Fleck, *Genesis and Development of a Scientific Fact*, Chicago: University of Chicago Press, 1979, p. 101.

feito essa pergunta indica o quanto ele se apoiara em Fleck para caracterizar um fato como aquilo que resiste ao capricho, ou ao pensamento livre arbitrário. Por que, então, todos os coletivos científicos não se beneficiariam igualmente desse estilo de pensamento?

Eu afirmaria, então, que os leitores-coelho, como eu, adicionaram automaticamente ao texto de Kuhn o caráter excepcional do êxito realçado pela autoridade de um paradigma. Essa autoridade se expressa como um "acontecimento" que consegue, de fato, apreender a realidade. O escopo e o significado dessa apreensão podem mudar como consequência de uma revolução científica, mas ela não se dissolverá. Uma das constrições de um novo paradigma não é justamente o fato de que ele deve explicar e assegurar o paradigma antigo em relação à fiabilidade de seu equipamento experimental? Um paradigma não desaparece como um sonho, mas persiste em instrumentos de laboratório. O que esses instrumentos estabeleceram de modo confiável será diferente, mas ainda significativo.

Na verdade, ouso afirmar que cientistas trabalhando com um paradigma kuhniano nunca admitiriam que a constrição de pensamento conquistada por um fato possui a natureza de uma parada. Mais precisamente, sob as condições definidas pelo paradigma, os fatos estabelecidos não demonstram seu poder de "fazer parar" o pensamento livre e caprichoso, mas sim as *objeções*. Eles precisam ser reconhecidos como aquilo que chamo de "testemunhas confiáveis", testemunhas que autorizam uma forma de entendimento no lugar de outras formas possíveis. De modo análogo, a aceitação de tais fatos é uma questão de grande interesse coletivo. De fato, enquanto testemunhas confiáveis, eles agirão como uma constrição dinâmica para o coletivo, abrindo a possibilidade de novas perguntas, novos contextos experimentais e novos quebra-cabeças.

Desse ponto de vista, a detecção confiável da sífilis aparece apenas como um sucesso empírico. A fiabilidade da reação Wasserman estudada por Fleck é certamente importante por razões médicas. Porém, o fato de que a sífilis pode ser detectada por esse teste não autoriza uma interpretação particular da doença. Não impõe constrições aos pesquisadores de Fleck que levariam a um processo cumulativo de aquisição de conhecimento sobre ela. É, de fato, apenas uma parada, não um "siga em frente!" coletivo.

Acabo de apresentar a preocupação que me situa. Como me formei em Química, e, por isso, partilhava da leitura-coelho de Kuhn, impressionei-me com a pluralidade radical de coletivos de pensamento unificados sob a categoria "ciência moderna". Essa categoria unifica um espectro de práticas cujos dois extremos, para mim, não possuem nada em comum. Em um extremo, encontramos pesquisadores que são empoderados por seu pertencimento a um coletivo, que apaixonadamente imaginam, objetam e testam hipóteses em constante interação com aqueles colegas de cujos interesses e objeções esses pesquisadores dependem. No outro extremo, encontramos campos em que a principal questão de interesse é a imposição convencional das restrições metodológicas estabelecidas como objetividade sobre o que quer que esteja sendo abordado. Não há aqui quebra-cabeça algum, nem anomalia possível; em vez disso, tem-se a eliminação, por vezes difícil, de qualquer coisa que possa colocar em perigo o caráter científico dos fatos obtidos.

Estamos lidando, assim, com duas maneiras muito diferentes de minimizar o que Fleck chamou de "capricho do pensamento",[7] as quais por sua vez correspondem a duas dinâmicas coletivas muito diferentes. No primeiro caso, a objetividade é definida

7 Idem, p. 98.

como uma conquista coletiva que exige cooperação, o que implica que as objeções são uma parte positiva, até mesmo necessária e indispensável, do jogo coletivo. No segundo, cada trabalho individual atrai um modo de atenção um tanto suspeito e censurador. Neste caso, a interação coletiva tem a ver com a aplicação correta do método, sem um interesse especial nos próprios fatos, cada um deles sendo adicionado como um tijolo em um edifício, em vez de avaliado em termos das novas possibilidades ou perguntas que nos permite conceber.

Entre esses dois extremos do espectro, estão os campos que se parecem com o do próprio Fleck, os que lidam com questões de interesse público, desafiam e são desafiados pelo que eu chamaria de bagunça do mundo.

Relendo Fleck, fiquei tocada por sua bela descrição do caráter precário do controle que pesquisadores biomédicos têm sobre aquilo a que se dedicam. Não há paradigma aqui porque não há quebra-cabeças. Encantei-me com o humor gentil com que Fleck aborda o rígido estilo de pensamento associado a Pasteur e Koch. Ambos tentaram instituir o que Kuhn chamaria de um paradigma, mas foram incapazes de fazê-lo porque cada doença, cada micro-organismo, cada cultura nunca cessou de trazer suas próprias perguntas imprevisíveis, demandando uma atenção alerta em vez da confiança de um resolvedor de quebra-cabeças. Acredito que, assim como Kuhn poderia ser admirado por físicos e químicos, os biotecnólogos e pesquisadores biomédicos de hoje poderiam entender, e talvez partilhar secretamente, do humor de Fleck, ainda que se sintam obrigados a pensar sua ciência como estando em conformidade com o grande modelo cumulativo da ciência paradigmática.

Eu diria que, enquanto o paradigma de Kuhn foi organizado em torno da questão da dimensão cumulativa de algumas ciências, as perguntas de Fleck se dirigem a campos em que normalmente não é possível dar aos fatos o poder de autorizar uma interpretação única, por causa da variabilidade intrínseca e emaranhada daquilo que é tratado nesses campos. Quando Fleck escreve que o pesquisador "tateia, mas tudo recua, e em lugar algum há um apoio firme",[8] ele não está oferecendo um argumento epistemológico geral. Ele está dando voz a uma avaliação pragmática da "realidade" em jogo em seu campo, uma realidade que desapontará aqueles que acreditam na autoridade dos fatos. E quando ele pergunta por que "todos os rios chegam finalmente ao mar, apesar de talvez fluírem inicialmente na direção errada, tomando caminhos indiretos e geralmente serpenteantes",[9] ele está realmente perguntando. Conhecemos sua resposta: os rios não chegam ao mar como se o mar tivesse algo de especial. As linhas de pesquisa não "encontram" uma resposta com a qual elas concordam. "Contanto que suficiente água flua nos rios e um campo de gravidade exista, todos os rios devem finalmente desembocar no mar".[10]

O desenvolvimento cumulativo descrito retroativamente que enfim levou ao teste de Wasserman precisou de um fluxo de água assim, isto é, precisou da cooperação contínua e das interações mútuas dos membros de um coletivo. Mas essa água teria permanecido dispersa em mil riachos se a sífilis não fosse uma questão de interesse público, se não tivesse havido um "clamor insistente da opinião pública por um exame de sangue".[11] O clamor provocado pela epidemia de sífilis foi o campo gravitacional necessário, fornecendo a orientação dominante e a direção requeridas para que linhas de pensamento antigas e novas se desenvolvessem, se unissem, fossem modificadas umas

8 Ibidem, p. 94.
9 Ibid., p. 78.
10 Ibid., p. 78.
11 Ibid., p. 77.

pelas outras, se fundissem e, finalmente, produzissem o que retroativamente seria reconhecido como uma "descoberta real".

Isso está em forte contraste com a ênfase de Kuhn sobre a necessidade de autonomia das perguntas de uma pesquisa em relação a seu valor ou interesse social. Para Kuhn, o paradigma é o que determina as perguntas certas. O que vem de fora e não pode ser identificado como quebra-cabeças apenas perturbaria o curso da ciência normal e cumulativa. Desse modo, as ciências paradigmáticas precisam ser protegidas das expectativas que elas podem acender na sociedade. Mais precisamente, elas devem ao mesmo tempo acendê-las e rechaçá-las.

Outro contraste, paralelo a esse, caracteriza a situação em que um pesquisador percebe conscientemente o estilo de pensamento que ele compartilha com seu coletivo. Para Fleck, o caráter difícil e sempre parcial dessa percepção é um fato empírico, enquanto para Kuhn ele não o é. Para este, os pesquisadores *não deveriam* perceber o poder limitador de seu paradigma, senão irão perder a confiança tenaz do resolvedor de quebra-cabeças. A lucidez, portanto, é inimiga da criatividade científica.

Voltemo-nos agora para a economia do conhecimento atual. Nessa conjuntura, não apenas a autonomia da comunidade de pesquisa, que Kuhn considerava crucial, está chegando ao fim, mas isso também coloca em dúvida a distinção fleckiana entre *círculos esotéricos* – de especialistas que estão "por dentro" – e *círculos exotéricos*, cujos membros partilham e sustentam seu estilo de pensamento com "certeza vivaz", mas não têm o poder de participar ativamente na avaliação da pesquisa correspondente. Dado o número de pesquisadores empregados na indústria desde o século XIX, essa distinção sempre foi precária; no entanto, a parceria exigida hoje entre pesquisa pública e interesses privados fez ela explodir. Os parceiros privados dificilmente podem ser definidos como um círculo "exotérico"; eles entram à força no conhecimento esotérico do coletivo de pensamento.

No entanto, a questão da relação das ciências "paradigmáticas" com a indústria não é nova. A distinção dramática de Kuhn entre ciências cumulativas/paradigmáticas e as não paradigmáticas, na verdade, reencena a questão de preocupação que surgiu na vida dos químicos e físicos na segunda metade do século XIX. Temendo que sua ciência fosse colocada diretamente a serviço do desenvolvimento industrial – desenvolvimento cujo pontapé inicial tanto contou com a contribuição daquelas ciências –, eles reivindicaram uma paisagem institucional que não apenas tornasse possível, como também sustentasse a forte separação entre o que Kuhn chama de quebra-cabeças e todas as outras questões que, por mais interessantes que sejam, têm o potencial de perturbar os pesquisadores, atraindo-os em direção a caminhos serpenteantes nos quais eles não poderiam mais ser guiados por seus paradigmas. Um pesquisador perturbado é um pesquisador improdutivo. Interferir na dinâmica rápida e cumulativa das ciências paradigmáticas seria matar a galinha dos ovos de ouro.

Hoje em dia, matar a galinha significa que, quaisquer que sejam as diferenças existentes entre campos científicos, paradigmáticos ou não, a nova paisagem institucional chamada "economia do conhecimento" as apagou. Apenas um critério os diferencia agora: sua "atratividade", a maneira como se encaixam na corrida pela competitividade e pelo lucro. A intensidade dos efeitos deletérios que marcam a dissolução das dinâmicas coletivas de pesquisa é um produto desse mesmo critério. Tanto a biotecnologia quanto a biomedicina, o campo de Fleck, enfrentam um crescimento explosivo de alegações fraudulentas ou duvidosas e de casos de conflito de interesses, a maior parte deles inevitáveis. O envolvimento direto da indústria farmacêutica também transformou profundamente a relação entre círculos esotéricos e exotéricos. Como o próprio Fleck enfatizou, a preocupação pública, até mesmo a indignação pública, era um ingrediente ativo na produção e estabilização de "fatos" tais como os fornecidos pelo teste de Wasserman. No entanto, na nova situação, o "campo de gravidade" não é mais aquele de um público que faz barulho ao se dirigir a profissionais confiáveis. Esse campo é composto pela pressão de múltiplas estratégias industriais que reconfiguram tanto o público, segmentando-o em mercados lucrativos em potencial, quanto os pesquisadores, que se encontram submetidos a patentes e sigilos industriais. O alarmismo em torno de doenças e outras estratégias de mercado estão constantemente criando novas demandas e novos tipos de expectativas. Quanto ao próprio público em geral, sua confiança, como sabemos, já está bastante abalada, especialmente pelas notícias perturbadoras sobre efeitos inesperados associados a medicamentos priorizados,[12] que serão utilizados não apenas quando se está com uma doença, mas até o final da vida do consumidor.

Estamos diante de um futuro em que os "fatos" se acumularão em alta velocidade, mas ninguém saberá mais o que um "fato" realmente significa, seja ele fleckiano ou kuhniano.

Seja qual for a situação em cada campo de pesquisa, não surpreende que um movimento de resistência esteja começando a emergir. Em 2010, um texto com título *The Slow Science Manifesto* [Manifesto da ciência lenta] foi publicado em Berlin. Ele termina com essas linhas:

---

12 Em diversos países, medicamentos cuja utilização ainda não foi aprovada pela agência nacional de saúde, mas que prometem trazer grandes benefícios para a população, podem receber prioridade e ter seu processo de análise acelerado (N.R.T.).

A ciência lenta foi, por centenas de anos, praticamente a única ciência concebível; defendemos que, hoje, ela merece ser revivida e protegida. A sociedade deveria dar aos cientistas o tempo de que eles precisam, mas, mais importante que isso, os cientistas devem fazer as coisas no seu tempo.

Precisamos de tempo para pensar. Precisamos de tempo para digerir. Precisamos de tempo para nos desentendermos uns dos outros, especialmente quando estivermos cultivando o diálogo perdido entre as humanidades e as ciências naturais. Não podemos seguir dizendo a vocês o que nossa ciência significa, o que ela traz de bom, simplesmente porque ainda não sabemos. A ciência precisa de tempo.

– *Tenham paciência conosco, enquanto pensamos.*[13]

Ora, este é um texto bastante consensual; tanto Thomas Kuhn quanto Ludwik Fleck provavelmente concordariam com ele. O texto reflete, certamente, o que se tornou agora uma questão de preocupação urgente para todos os coletivos de pensamento científico. Contudo, ele não responde as preocupações daqueles que questionam o tipo de desenvolvimento que tantos cientistas associam ao progresso. É muito significativo que os autores do Manifesto se dirijam à "sociedade" sem nomear quem os está pressionando, de quem eles precisam ser protegidos. Além disso, há a alusão às centenas de anos durante os quais os cientistas recebiam o tempo que precisavam. O que estamos ouvindo, na

---

13 Disponível em: <http://slow-science.org/slow-science-manifesto.pdf>.

verdade, é o lamento da galinha dos ovos de ouro com saudades da Era de Ouro, quando os cientistas gozavam de autonomia e respeito por causa de seu papel a serviço do interesse geral.

Minha proposta é associar a ideia de ciência lenta a uma agenda mais ambiciosa, que leve em conta a necessidade de uma profunda ruptura com o ideal de ciência acadêmica moldado durante o século XIX, um modelo de pesquisa que promoveu, como ideal geral, o avanço rápido e cumulativo do conhecimento disciplinar, acompanhado de um desprezo por toda questão que pudesse desacelerar esse avanço.

Da crítica do conhecimento disciplinar normalmente segue-se o apelo a algum estilo de pensamento geral, interdisciplinar ou até mesmo holístico. Essa não é a minha posição. O oposto de "desprezo" não é "incluir ativamente", mas sim "levar a sério" ou "prestar atenção". Levar a sério ou prestar atenção significa questionar o modo como as disciplinas científicas foram moldadas por sua relação exclusiva, quase simbiótica, com a indústria. Neste ponto, a distinção entre Kuhn e Fleck se torna crucial. Para Fleck, como mencionei, é difícil prestar atenção à, ou estar ciente da, particularidade de seu próprio estilo de pensamento e da maneira como ele seleciona e descarta aspectos de uma situação que "não importa de verdade", mas essa dificuldade é apenas um fato empírico. Já para Kuhn, ignorar essa particularidade é crucial para a criatividade tenaz do resolvedor de quebra-cabeças. Em outras palavras, para Kuhn, o treinamento de pesquisadores para serem galinhas dos ovos de ouro, com suas imaginações estrita e normativamente canalizadas, tal como promovia o químico Liebig,[14] é um fator crucial na criação do tipo de instituição capaz de proteger o progresso científico cumulativo e inventivo da errância estéril. Se sua posição está

14 Ver o capítulo 5 deste livro.

correta, o único significado de ciência lenta, enquanto uma perspectiva de resistência à economia do conhecimento, é o do "retorno à Era de Ouro".

No entanto, a distinção esotérico-exotérico, como Fleck a caracterizava, também deve ser questionada. A relação simbiótica entre a ciência acadêmica e o mundo industrial não se enquadra nessa distinção. Não há nada de exotérico nas constrições e preocupações da produção e do marketing industriais. O conhecimento exotérico é relegado à esfera do público em geral, o que supostamente garante a "rígida certeza" dos resultados científicos e a imagem de uma ciência que finalmente responderá questões de preocupação comum de uma maneira racional e confiável.

Essa é a mentira, ou o blefe, que, defendo, deve ser questionada assim que reconhecemos o caráter não sustentável de nosso desenvolvimento. As consequências que foram desprezadas tanto nos ambientes científicos quanto nos industriais, longe de estarem resolvidas, estão colocando o nosso futuro em risco. A racionalidade e a objetividade, tais como promovidas pelo conhecimento exotérico, foram fundamentais para silenciar vozes vindas de outros coletivos de pensamento, que protestaram contra o que não foi levado em conta pelo dito progresso racional. Elas também foram usadas para justificar a pobreza de imaginação dos cientistas e seu cultivado desinteresse pelas complicações bagunçadas deste mundo, o único mundo que temos. Desde o prenúncio da desordem climática até a poluição, o envenenamento dos seres vivos por perigosos coquetéis de novas substâncias químicas e outros desastres ecológicos, pode-se dizer que a bagunça do mundo está voltando com tanta força que o refrão "o progresso consertará o dano colateral que ele próprio causou" perdeu toda a credibilidade.

A ciência lenta, porém, não significa cientistas levando em consideração todas as complicações bagunçadas do mundo. Ela tem a ver com cientistas encarando o desafio de desenvolver uma percepção coletiva da particularidade e do caráter seletivo de seu próprio estilo de pensamento. Todavia, isso não deve se confundir com um chamado ao desenvolvimento de uma reflexividade lúcida dentro dos coletivos de pensamento. Ao contrário, trata-se de uma questão de aprendizado coletivo, que se dá por meio da prova instaurada pelo encontro com vozes dissonantes em torno de assuntos de interesse comum. Tal processo de aprendizagem exige dos coletivos modernos o que eu chamaria de um "devir-civilizado". Assim, desacelerar as ciências significa civilizar os cientistas. Civilização significa, aqui, a habilidade, demonstrada por membros de um coletivo particular, de se apresentar de uma maneira que não insulte membros de outros coletivos, isto é, de uma maneira que possibilite um processo de produção de relações.

Para entrar em relação ao invés de insultar, uma apresentação nunca deve envolver a pretensão de possuir um atributo que defina o outro como não possuidor. Por exemplo, quando uma cientista define sua prática como objetiva ou racional, ela está insultando outras, na medida em que sugere que isso é uma característica distintiva sua em relação àquela a quem se dirige. Igualmente, Fleck está em território perigoso quando caracteriza a ciência como tendo o objetivo de minimizar o capricho de pensamento; ele precisa imediatamente complementar que o capricho não é um juízo geral, mas pode se referir a aspectos de uma situação que são de grande importância para outros coletivos.

Apresentar-se de maneira civilizada significa apresentar-se nos termos de sua questão de interesse específica, isto é, admitindo que outros também possuem suas questões de interesse, suas próprias maneiras de fazer seu mundo importar. Cientistas civilizados tornariam público, uma questão de conhecimento exotérico, que a fiabilidade de seus resultados está relacionada tanto a questões de interesse quanto a um conhecimento competente, e que o preço a pagar pelas condições muito particulares exigidas por este último é o de ignorar possíveis fatores importantes fora do laboratório. Eles compreenderiam que, quando aquilo que conquistaram deixa seu ambiente nativo – a rede de laboratórios de pesquisa – e intervém em ambientes sociais e naturais diferentes, é possível que sua fiabilidade específica fique para trás. E reconheceriam que restaurar a fiabilidade significa tecer novas relações adequadas a cada ambiente, o que implica dar boas-vindas a novas objeções – não mais apenas as objeções dos colegas, mas também aquelas de outros coletivos preocupados com aspectos do ambiente aos quais os próprios cientistas não deram atenção.

Em outras palavras, cientistas civilizados, fiéis à especificidade de sua prática, insistirão que a fiabilidade não é um atributo estável, e que a "valorização" de uma possibilidade nascida dentro de um ambiente de pesquisa requer uma redistribuição radical da expertise por meio da criação de novas relações exigentes que darão voz à teia frequentemente bagunçada de perguntas difíceis que importam em uma dada situação.

Tal redistribuição não pode ser pensada em termos de um contraste entre conhecimento exotérico e esotérico. Em vez disso, ela exige entender a situação através das questões de interesse diversas que se conectam com ela, sem estabelecer uma diferenciação *a priori* entre o que realmente importa e o que não importa. Esse entendimento exige um tipo de imaginação que os coletivos de pesquisa não têm cultivado. Pelo contrário, eles têm sistematicamente minimizado qualquer coisa que não contribua diretamente à causa do avanço do conhecimento especializado; têm proibido, por considerar perda de tempo, interesses e perguntas que tornariam os especialistas capazes de levar a sério as questões de interesse que surgem das inovações que eles promovem.

É por isso que falar de ciência lenta é um desafio direto ao lema que estrutura coletivos de pesquisa: *não perca seu tempo com perguntas bobas, perguntas que não podem ser reduzidas a termos científicos; isso seria trair seu único dever, o avanço do conhecimento!* Esse lema, que promove e mobiliza a ciência rápida, é a receita para canalizar a atenção e o entusiasmo – e para restringir a imaginação. Ele impõe a ideia de que a abordagem racional deve extrair de uma situação as dimensões que podem ser definidas como científicas ou objetivas, deixando que o resto seja tratado via outros meios que não são da alçada dos cientistas... Mais que isso, esse resto *não* deve ser preocupação deles, porque adentra ilicitamente em assuntos que precisam ser decididos em termos políticos ou valores éticos. "A sociedade decidirá", dirão, sem nunca considerar como e por quais meios as decisões são tomadas.

Cientistas civilizados não são, porém, cientistas que possuem uma cultura geral. O que eles precisam cultivar é a capacidade de participar da avaliação coletiva das consequências de uma inovação, e não a de tomar uma decisão baseada em valores. Com efeito, a fiabilidade conquistada "lá fora" dependerá de fatos de outros tipos, trazidos por outros coletivos, não científicos. Elas talvez venham também das objeções, que podem ser muito diferentes daquelas dos colegas competentes, os quais compartilham os mesmos valores e trabalham em ambientes similares. A cultura geral não é de grande valia quando se interage com protagonistas que não são academicamente treinados, mas estão, ainda assim, empoderados para objetar; tampouco a cultura interdisciplinar é de muita ajuda, tal como ela se desenvolveu entre certos acadêmicos bem-educados. Quando há ainda um mínimo de confiança, mesmo no melhor dos casos o processo será, e deve ser, lento, difícil, rico em fricção e dividido entre prioridades divergentes. Qualquer nostalgia de coletivos supostamente "limpos" e competentes, compostos por "colegas queridos", resultará na conclusão de que aqueles que vêm de fora são incapazes de participar, não são parceiros, apenas encrenqueiros irritantes.

A ciência lenta, assim, não representa apenas um desafio à ciência rápida e mobilizada. Ela é também uma aposta. Uma aposta na capacidade dos coletivos de pensamento científico entrarem em novas relações simbióticas com outros coletivos que possuem diferentes questões de interesse. O próprio termo "lenta" indica essa aposta. Lento, hoje, designa todos os movimentos sociais que buscam escapar do que foi imposto em nome da eficiência e que vêm percebendo que, também em nome dela, muitas relações foram cortadas ou destruídas, substituídas por divisões e oposições entre interesses contraditórios. Movimentos *slow food*, por exemplo, estão descobrindo que os interesses dos produtores e os dos consumidores não precisam estar em oposição. Pensar juntos e negociar podem, para além de criar transações novas de acordo mútuo, se tornar atividades importantes e gratificantes em si mesmas. As pessoas acabam se dando conta de que, ao adotar certos padrões de consumo, elas podem ajudar os tipos de produtores que aprenderam a valorizar. Estes, por sua vez, podem conhecer aqueles para quem produzem. Essas experiências dão novos significados para a comida.

Minha própria aposta é que a ciência rápida e mobilizada não compensa. Por sua vez, considero gratificante aquilo que Fleck enfatizou: o tipo especial de interação dinâmica que produz e ativa um coletivo. É por isso que é importante afirmar que a ciência lenta não é contra a ciência especializada, ou contra os cientistas reunidos por questões de interesse comuns. A ciência lenta, como a defendo, expressa antes a confiança de que essa dinâmica especializada não precisa de mentes mutiladas, canalizadas e mobilizadas. Ela também confia que os cientistas podem achar gratificante participar de outras dinâmicas e aprender a partir de seus encontros com coletivos empoderados.

Quando Fleck escreveu, em 1929, sobre a ciência natural "ser a arte de moldar uma realidade democrática e ser dirigido por ela – sendo, assim, remodelado por ela",[15] ele provavelmente estava pensando em uma realidade "natural", entendida como livre de qualquer autoridade transcendente. Porém, no mesmo texto ele descreveu o "modo de pensar democrático" como tendo sido desenvolvido pela primeira vez

> entre artesãos, marinheiros, barbeiros-cirurgiões, coureiros e seleiros, jardineiros e, provavelmente, também entre crianças brincando [...]. Onde quer que o trabalho sério ou brincalhão fosse feito por muitos, em que interesses comuns ou opostos se encontravam repetidamente, essa forma de pensar exclusivamente democrática era indispensável.[16]

Basta substituir "arte de moldar uma realidade democrática e ser dirigida por ela" por "a capacidade de participar em uma maneira democrática de pensar e aprender com ela" para chegar à fórmula do que eu chamo de "ciências civilizadas".

---

15 L. Fleck, "Zur Krise der 'Wirklichkeit'", 1929, citado em Johannes Fehr, "[...] the art of shaping a democratic reality and being directed by it [...]" – Philosophy of Science in Turbulent Times, *Studies in East European Thought*, v. 64, n. 1-2, 2012, p. 81-9.
16 L. Fleck, Idem, p. 85.

CAPÍTULO 5

"UMA OUTRA CIÊNCIA É POSSÍVEL!" APELO POR UMA CIÊNCIA LENTA

Alguns anos atrás, muitos trabalhos acadêmicos foram escritos abordando os direitos das gerações futuras diante do caráter insustentável daquilo que chamamos de desenvolvimento. Percebemos agora, porém, que o futuro está vindo em nossa direção a toda velocidade. Pode-se dizer que nós que estamos aqui temos o compromisso de imaginar como responderemos àqueles que, mesmo não estando aqui, já existem. O que diremos às crianças que nasceram neste século quando perguntarem: "vocês sabiam tudo o que precisavam saber; o que fizeram?" Qualquer adulto hoje pode se imaginar ouvindo essa pergunta. No entanto, enquanto acadêmicos, eu diria que nos encontramos em uma posição especial.

É possível que algumas pessoas fora da academia tenham a confiança de que nós – selecionados, treinados e pagos como fomos para pensar, imaginar, conceber e propor – estamos, de fato, usando essas habilidades para fazer algo em relação ao futuro que está diante de nós. Pode também haver jovens entrando na universidade nutrindo a estranha esperança de compreender melhor o mundo ameaçador em que nós vivemos.

Somos capazes de consentir a essa confiança e permitir que ela tenha o poder de nos afetar? Ou nossa resposta será contar a triste história de que estamos, ou estávamos, ocupados demais batendo intermináveis metas às quais agora precisamos nos conformar para sobreviver?

Não me refiro aqui apenas à economia do conhecimento e ao imperativo de produzir conhecimento conveniente aos jogos de guerra competitivos do mundo empresarial. Mesmo aqueles campos acadêmicos que não produzem patentes estão hoje submetidos ao imperativo geral da avaliação padronizada, tendo de aceitar o julgamento de um pseudomercado acadêmico regido pela competição cega.

Em suma, devemos admitir que estamos sendo coagidos a renunciar a boa parte da nossa liberdade de produzir dissenso. Agora temos que dizer a nossos alunos para escolherem assuntos que levarão à rápida publicação em revistas de alto nível especializadas em questões profissionalmente reconhecidas – questões que, em geral, não são do interesse de ninguém além de outros colegas buscando publicar rapidamente. Precisamos dizer a eles que, se quiserem sobreviver, precisam aprender a se conformar aos estritos limites normativos impostos por tais publicações.

Portanto, meu primeiro argumento é: seja qual for o futuro, as instituições de pesquisa não estão equipadas para formulá-lo, ou mesmo entrevê-lo, de uma maneira à altura da confiança que algumas pessoas talvez ainda sejam ingênuas o suficiente para depositar em nós.

Mas também sabemos que os mesmos processos de desempoderamento estão operando por toda parte. Em toda parte, impõe-se um corte similar, separando pessoas e coletivos de sua capacidade de conceber, sentir, pensar ou imaginar. Em toda parte, o mesmo tipo de ataque foi feito, o que podemos caracterizar como uma forma de feitiçaria que, de modo obstinado, sorrateiro e perverso, paralisa nossa capacidade de resistir.

É por isso que, diante de nossa falta de resistência, não falarei de culpa. Prefiro falar de vergonha, lembrando a observação de Gilles Deleuze: "este sentimento de vergonha é um dos mais poderosos motivos da filosofia".[1] Esse motivo pode ser estendido para muito além da filosofia, a todos nós que talvez sintamos vergonha.

Eu afirmaria que o tipo de futuro que está diante de nós cria aquilo que William James chamou de uma opção genuína, uma opção que não pode ser evitada porque não há espaço fora das alternativas de consentir, ou recusar, o desafio que ela impõe.

O processo de destruição da academia não basta, em si mesmo, para criar essa opção. Dez anos atrás, eu admitiria muito prontamente que tratava-se de uma instituição moribunda, realmente merecedora de seu destino. Hoje em dia, no entanto, essa destruição pode ser vista, junto a incontáveis outras destruições, como a erradicação sistemática de recursos que poderiam ser direcionados ao futuro, e também como a poda sistemática de nossa capacidade de pensar, isto é, de escapar do desespero e do cinismo. De uma forma ou de outra, tal qual a academia, muito do que está sendo destruído pode ser caracterizado como merecedor de seu destino, mas o significado dessa caracterização mudou. Tornou-se uma maneira de recusar o desafio com que nos confrontamos.

Eu daria a esse desafio o nome de "barbárie", que é o resultado mais provável disso que está acontecendo hoje.[2] Já temos hoje uma amostra dessa barbárie: ela se encontra nas medidas ditas "difíceis, mas infelizmente necessárias" que autoridades de toda sorte exigem que aceitemos, ainda que suas consequências tenham sido consideradas inaceitáveis no passado. Essas conse-

---

1 G. Deleuze e F. Guattari, *O que é filosofia?*, Rio de Janeiro: Editora 34, 1997, p. 140.
2 Ver I. Stengers, *In Catastrophic Times: Resisting the Coming Barbarism*, Open Humanities Press/Meson Press, 2015. [Ed. bras.: *No tempo das catástrofes*, São Paulo: Cosac & Naify, 2015.]

quências, que já conhecemos bastante bem, apenas se multiplicarão e se intensificarão no futuro. Isso é apenas o começo.

Aceitar que é preciso pensar, sentir e imaginar a necessidade de fazer frente à barbárie significa recusar a ideia de que outras figuras, mais merecedoras, aparecerão para virar o jogo. As perspectivas messiânicas são hoje tentadoras, estão até na moda, mas esperar pela salvação de algum Grande Fora significa fugir do desafio que se apresenta a nós, o que apenas nos jogará nos braços da barbárie.

Minha intervenção toma "ciência lenta" como um nome para o desafio que é dirigido a nós enquanto acadêmicos. Mas esse nome também carrega uma armadilha à qual precisamos resistir – a saber, o chamado por "voltar ao passado", como expresso no *The Slow Science Manifesto*, discutido no capítulo anterior. Como vimos, na sua conclusão, os autores pedem a um público indefinido que deixe os cientistas em paz: "Não podemos seguir dizendo a vocês o que nossa ciência significa, o que ela traz de bom, simplesmente porque ainda não sabemos. A ciência precisa de tempo. – *Tenham paciência conosco, enquanto pensamos*".

Resistir ao consenso sempre nos expõe ao ridículo, mas vou me expor ainda mais, ousando defender a definição da tarefa da universidade dada pelo matemático e filósofo Alfred North Whitehead em 1935: "a tarefa da universidade é a criação do futuro, ao menos até o ponto em que o pensamento racional e os modos civilizados de apreciação possam ter um efeito. O futuro está repleto de todas as possibilidades de realização e de tragédia".[3]

De fato, podemos rir, porque é bastante fácil desconstruir a ideia de que as universidades algum dia tiveram uma tarefa assim. Mas esse é precisamente o significado da noção que William

---

3 A. N. Whitehead, *Modes of Thought*, Nova York: The Free Press, 1968, p. 171.

James traz de opção genuína. Como afirmei antes, a destruição da academia não basta, em si, para criar essa opção. Os acadêmicos que apenas pedem tempo para pensar – que não nomeiam quem os está pressionando, preferindo dirigir-se à "sociedade" e pedir por proteção – não sentem que há opção alguma. Apenas sonham com um passado em que eles – e o suposto conhecimento desinteressado que eles produziam – eram respeitados. A opção de "expor-se aos risinhos" exige que aceitemos que nós, acadêmicos, somos, entre muitos outros, convocados por nosso papel na criação do futuro. Não podemos escapar dessa convocação alegando que não merecemos desempenhar esse papel.

Além disso, o que acho interessante na proposição aparentemente inócua de Whitehead é que ela não associa o futuro ao avanço do conhecimento nem ao progresso, e sim à incerteza radical. Não sabemos qual será nosso futuro, nem sabemos se, ou até que ponto, o que ele chama de pensamento racional e modos civilizados de apreciação pode ter algum efeito. Mas é justamente por isso que sua proposição é relevante, hoje mais do que nunca.

Enfatizarei primeiramente que, já em 1935, a proposição de Whitehead soava como um apelo. Com efeito, aquilo que o fez deixar de ser um matemático para se tornar um filósofo não pode ser separado de seu profundo sentimento de ansiedade quanto aos efeitos do que ele caracterizava como uma importante descoberta que marcou o século XIX: "a descoberta do método de treinar profissionais que se especializam em regiões particulares do pensamento e, assim, progressivamente, acrescentam algo à soma de conhecimento, dentro de suas respectivas limitações de área de atuação".[4]

---

4 A. N. Whitehead, *Science and the Modern World*, Nova York: The Free Press, 1968, p. 196. [Ed. bras.: A ciência e o mundo moderno. São Paulo: Paulus, 2006.]

Quero deixar claro, desde o princípio, que não se trata de criticar a especialização ou a abstração. Whitehead era um matemático e, para ele, simplesmente "não se pode pensar sem abstrações". Ele nunca criticaria a maneira como as ciências abstraem o que importa para cada uma delas de um mundo sempre emaranhado. No entanto, para ele, a racionalidade não era a capacidade de abstrair, mas, antes, a habilidade de ser vigilante a respeito de suas próprias abstrações, de não ser conduzido cegamente por elas. É importante lembrar que uma boa artesã não sabe apenas como usar suas ferramentas, tampouco olhará para uma situação nos termos da demanda da ferramenta particular de seu costume. Em vez disso, ela julgará a adequação da ferramenta à situação. Para Whitehead, ocorre o mesmo com o exercício do pensamento: devemos ser vigilantes sobre nossos modos de abstração.

Essa vigilância é precisamente o que está em falta entre aqueles que Whitehead chama de profissionais, com suas "mentes em um sulco":

> Cada profissão progride, mas progride em seu próprio sulco. [...]. O sulco impede a errância pelo campo, e a abstração se realiza de algo ao qual nenhuma atenção a mais é dada. [...]. É claro, ninguém é meramente um matemático ou um advogado. As pessoas têm vidas além de suas profissões ou empreendimentos. Mas o propósito é a restrição do pensamento sério ao sulco. O restante da vida é tratado superficialmente, com as categorias de pensamento imperfeitas derivadas de uma profissão.[5]

5 Ibidem, p. 197.

Enquanto tais, os profissionais, pessoas específicas com atribuições específicas, não são algo novo no mundo. No entanto, Whitehead continua: "no passado, profissionais formaram castas não progressistas. A questão é que, agora, o âmbito profissional se acoplou ao progresso. O mundo está diante de um sistema autoevolutivo, que não pode parar".[6] Não se pode parar os relógios, como disse uma vez Pascal Lamy.

Embora Whitehead não se oponha à especialização dos profissionais, ele os caracteriza como "fora de equilíbrio". Seu treinamento, por negligenciar "o fortalecimento de hábitos de apreciação concreta dos fatos individuais em sua plena interação com valores emergentes",[7] os deixa vulneráveis ao poder de um conjunto particular de abstrações, que promovem um valor particular. Gosto particularmente da formulação "fora de equilíbrio" devido à sua afinidade com a imagem do "sonâmbulo" que acompanhou a invenção do método de treinamento de cientistas profissionais durante o século XIX, na época em que o que eu chamo de "ciência rápida" estava sendo inventado. O apelo de Whitehead quanto à tarefa das universidades, desse modo, também tinha o objetivo de "desacelerar" a ciência, que é a condição necessária para pensar com abstrações, em vez de *obedecer a elas*.

Volto-me agora à invenção desse tipo de treinamento, que se tornou o modelo geral em nossas universidades. Ele é ilustrado de maneira notável pela redefinição radical de Justus von Liebig do que significa ser um químico.

No verbete "Química" da *Enciclopédia* de Denis Diderot e Jean D'Alembert, o químico Gabriel François Venel definira a química como uma paixão "de louco". Ele dizia que se levava

6 Ibidem, p. 205.
7 Ibidem, p. 198.

uma vida para adquirir o conhecimento prático e a habilidade de dominar a ampla variedade de operações químicas sutis, complexas e frequentemente perigosas que fazem parte das muitas artes e ofícios da química, desde a dos perfumistas até a dos metalúrgicos e farmacêuticos. No laboratório de Liebig, ao contrário, um estudante obtinha seu diploma de doutorado após quatro anos de treinamento intensivo. Porém, ele não aprendia nada sobre essas várias práticas tradicionais e suas operações. Ele utilizava apenas reagentes purificados e bem identificados e protocolos padronizados, aprendendo somente os métodos e técnicas instrumentais mais recentes. Liebig ganhou o nome de "criador de químicos" devido às centenas de estudantes que foram treinados em seu laboratório em Giessen entre 1824 e 1851. Muitos deles fundaram mais tarde laboratórios universitários similares, enquanto outros desempenharam papéis importantes na criação da nova indústria química.

A invenção, por parte de Liebig, disso que podemos chamar "química rápida" produziu um corte, que separou não a química pura da aplicada, mas sim todo o conjunto de fazeres químicos de um lado e, do outro, tanto a pesquisa acadêmica quanto a nova rede da química industrial – estas duas passando a compor uma nova relação simbiótica, já que uma precisava da e alimentava a outra.

Simbiose, porém, é um equilíbrio que precisa ser mantido. Chama a atenção o fato de que Liebig, que teve um papel muito importante no desenvolvimento da química industrial, também tenha se tornado, já em 1863, um defensor apaixonado da necessidade da pesquisa acadêmica pura e autônoma. Ele é o pai do que chamamos hoje de "modelo linear", junto do famoso argumento da "galinha dos ovos de ouro": é do próprio interesse da indústria manter distância da pesquisa acadêmica, deixando a comunidade científica livre para determinar suas próprias perguntas, porque apenas os cientistas são capazes de dizer, a cada etapa, que perguntas darão frutos, quais permitirão o desenvolvimento cumulativo rápido e quais resultarão apenas na coleta de fatos empíricos que levarão a lugar nenhum. Se a indústria impusesse suas próprias perguntas, seria como matar a galinha e perder os ovos de ouro.

Já ouvimos muitas variações desse mesmo argumento, espécie de lema para o arranjo que muitos cientistas associam à Idade de Ouro, quando a ciência era reconhecida como uma fonte independente de novidades que trariam a inovação industrial, beneficiando, no fim das contas, toda a humanidade. Contudo, alguns aspectos desse argumento frequentemente não são desenvolvidos. O primeiro é a divisão, uma verdadeira divisão de classes, entre cientistas que trabalham no território acadêmico protegido e aqueles a quem, por venderem sua força de trabalho para a indústria, frequentemente são negadas a autonomia e a liberdade de contribuir para o conhecimento público. O segundo aspecto é que a metáfora da galinha dos ovos de ouro esconde um traço importante do papel que o cientista treinado desempenha como profissional da ciência rápida.

Segundo a história oficial, a galinha põe seus ovos e fica feliz em saber que alguns deles viraram ouro, nos termos do desenvolvimento industrial. Ela espera que isso resultará, no final das contas, em benefícios para a humanidade, mas ela não pode ser responsabilizada por qualquer aplicação equivocada. Ela insiste que sua única lealdade é, e deve ser, ao avanço do conhecimento e, assim, como escreveu Whitehead, ela se sente no direito de tratar todo o resto "superficialmente, com as categorias de pensamento imperfeitas derivadas da [sua] profissão". Isso corresponde à imagem da "torre de marfim" da ciência acadêmica e é reforçado por outra imagem da criatividade científica: a do sonâmbulo que caminha por sobre um estreito cume, sem medo ou vertigem porque está cego quanto ao perigo. Pedir a cientistas criativos que se preocupem ativamente com as consequências de seu trabalho seria o equivalente de acordar os sonâmbulos, fazendo-os notar que o mundo está muito longe de obedecer a suas categorias. Atingidos pela dúvida, eles cairiam do alto em um pântano de opiniões turvas. Isto é, eles não prestariam mais para a ciência.

Essa imagem da criatividade científica como algo, para falar como Whitehead, intrinsecamente fora de equilíbrio está incrustada de maneira profunda na educação da ciência rápida. De um modo ou de outro, de forma explícita ou não, os cientistas aprendem que perguntas concernindo o mundo em geral, o mundo em que os ovos de ouro farão diferença, devem ser definidas todas como "não científicas", mesmo que tais perguntas sejam objeto de muito trabalho científico em outros departamentos que lidam com problemas culturais, sociais ou econômicos. O interesse no mundo em que vivemos passa a ser uma tentação à qual pesquisadores que "têm fibra" devem ser capazes de resistir.

"Ciência rápida" se refere não tanto a uma questão de velocidade, mas ao imperativo de não desacelerar, de não perder tempo, senão... Pode ser tentador associar esse "senão", que evoca a possibilidade de uma queda, às nobres exigências de uma vocação que os cientistas trairiam se não dedicassem toda sua vida à sua realização. No entanto, a maneira como essa dita devoção é obtida e mantida, por meio de um treinamento que canaliza a atenção e a avidez, ao mesmo tempo em que restringe a imaginação, não tem nada de nobre. O que Whitehead chamou de "treinamento de profissionais" refere-se, antes, ao tipo de anestesia induzida gerada por um exército mobilizado em movimento, situação na qual é imperativo avançar o mais rápido possível. Tal exército não pode deambular e ponderar.

O imperativo significa que a paisagem que ele atravessa não interessa, apenas os obstáculos que ele precisa contornar. Aqueles membros do exército que se queixam do dano que seu avanço causa (a destruição de plantações, o roubo de bens, o estupro de mulheres...) certamente não têm fibra. Coisas como essas não devem desacelerar o avanço. Soldados devem esquecer seus vínculos com seus próprios bens, plantações e esposas. Assim como fazem os cientistas quando desprezam uma pergunta por ser "não científica".

Desse ponto de vista, biólogos que defendem transgênicos, por exemplo, podem se sentir muito justificados ao afirmar que encontraram uma solução racional ao problema de alimentar os famintos, ignorando as causas sociais e econômicas da fome no mundo. Eles apenas se mostram como verdadeiros cientistas, ignorando tudo que os desaceleraria ou apresentaria obstáculos no caminho do progresso possibilitado por seus ovos de ouro.

Esse último exemplo, porém, também mostra o que a história oficial escondeu. Nunca houve uma torre de marfim para a galinha dos ovos de ouro. A valorização do seu trabalho, a ligação com aqueles capazes de transformar os ovos em ouro, sempre fez parte das atividades dos cientistas acadêmicos, mesmo que, como Louis Pasteur ou Marie Curie, seu nome esteja associado à pesquisa desinteressada. A galinha também é uma estrategista empreendedora. Ela está de olho em quem pode tirar consequências douradas daquilo que ela pôs. O que caracteriza a ciência rápida não é o isolamento, mas sim o trabalho realizado em um ambiente muito rarefeito, dividido entre aliados que importam e aqueles que, sejam quais forem suas preocupações e protestos, devem reconhecer que são os últimos recipientes dos benefícios de ouro e, portanto, não devem perturbar o progresso da ciência.

No momento em que efetuou o corte entre a química enquanto campo em formação e as artes e ofícios químicos, Liebig também separou a química das preocupações sociais e práticas nas quais essas artes e ofícios estavam inseridos e às quais respondiam. Agora, os únicos interlocutores verdadeiros do novo químico acadêmico, os únicos que entendiam sua língua, eram aqueles que habitavam o mundo industrial, também em formação. Isso ainda corresponde ao equipamento intelectual que o treinamento contemporâneo em ciência rápida fornece aos cientistas. Eles facilmente decomporão uma situação em suas dimensões supostamente objetivas ou racionais de um lado e o que seria apenas uma questão de complicações contingentes e arbitrárias do outro. E as dimensões que correspondem às categorias da ciência rápida são, um tanto naturalmente, as mesmas consideradas relevantes para o desenvolvimento da indústria, já que ambas concordam em ignorar o mesmo tipo de complicações. Não é necessária aqui nenhuma mobilização direta da parte dos interesses industriais, apenas essa relação simbiótica entre dois modos de abstração.

Hoje em dia, porém, nem isso é mais suficiente para os antigos aliados da ciência rápida. A economia do conhecimento está destruindo a casa em que a galinha que bota os ovos de ouro se abrigava. A autonomia relativa da pesquisa científica, obtida por Liebig e seus colegas, ficou no passado. Alguns podem ser tentados a afirmar que ela nunca existiu, dada a íntima conexão entre a ciência rápida acadêmica e a indústria. Eu discordo, e diria em vez disso que o que está sendo destruído é o próprio "tecido social" da fiabilidade científica. No futuro, talvez vejamos cientistas trabalhando em todos os lugares, produzindo fatos na velocidade que nossos novos instrumentos sofisticados tornarão possível; mas a maneira como esses fatos serão interpretados, na sua maior parte, estará em conformidade com a paisagem dos interesses privados.

Como todos os cientistas em atividade sabem, se uma proposição científica pode ser considerada confiável, não é por causa da objetividade dos cientistas, mas porque a proposição foi exposta às objeções exigentes dos colegas competentes para quem sua fiabilidade é uma questão de preocupação. E é essa preocupação compartilhada que pode ser destruída se os colegas estiverem comprometidos majoritariamente com interesses industriais, isto é, comprometidos com a necessidade de manter promessas atrativas para seus parceiros industriais. A máxima que pode acabar prevalecendo, então, é a de que não se pode cortar o galho no qual todo mundo está sentado. Ninguém contestará muito se as objeções apontando a fraqueza de uma proposição particular levarem ao enfraquecimento geral das promessas de um campo. Vozes dissidentes, então, serão desqualificadas como pontos de vista minoritários que não precisam ser levados em conta, pois criam problemas desnecessários. O que acontecerá, portanto, já possui um nome: a "economia da promessa", na qual o que mantém junto os protagonistas não é mais um ovo científico confiável, que pode vir a se tornar um ovo de ouro para a indústria, mas radiantes possibilidades, cuja firmeza ninguém está interessado mais em avaliar. Em outras palavras, sob a aparência da "economia do conhecimento", a economia especulativa, a economia de bolhas e crises, conseguiu recrutar a produção científica de conhecimento.

É por isso que acabamos simpatizando com o sonho do *The Slow Science Manifesto* de um retorno à Era Dourada, quando a autonomia da pesquisa científica era respeitada. Precisamos lembrar, porém, que, enquanto a autonomia da ciência rápida pode ter protegido a confiabilidade das proposições científicas, ela nunca garantiu a confiabilidade de um modo de desenvolvimento que – agora somos forçados a reconhecer, não sem sentir vergonha – foi e continua sendo radicalmente insustentável. Isso não é, de modo algum, um acidente. A fiabilidade dos resultados da ciência rápida está relacionada aos experimentos de laboratório purificados e bem controlados. As objeções competentes são competentes *apenas no âmbito desses ambientes controlados*. Isso significa que a fiabilidade científica é situada pelas, e dependente das, constrições de sua produção. O que também significa que, quando os ovos deixam seu ambiente nativo e se tornam ovos de ouro, eles deixam para trás essa confiabilidade e robustez específicas. A confiabilidade de que desfrutam agora não é mais uma meramente uma questão de juízo científico, mas também uma questão social e política.

Por exemplo, aviões são seguros o suficiente por causa da existência de um consenso sobre a necessidade de evitar acidentes a todo custo. Por sua vez, a preocupação com a sustentabilidade de nosso modo de desenvolvimento, que está longe de ser nova, até recentemente não era nada consensual. Pessoas que faziam questionamentos não eram ouvidas, mas sim atacadas e desprezadas, como se quisessem nos mandar de volta para as cavernas! Sem dúvida, acabou-se reconhecendo, da boca para fora, o fato de que algumas inovações podem ter consequências indesejadas, mas, ao mesmo tempo, foi dito que o progresso tecnocientífico inevitavelmente encontrará uma maneira de consertar o que foi danificado. Duvidar disso significa duvidar do progresso! E, como sabemos, essa dúvida é uma blasfêmia.

Reconhecemos nisso um eco do que Whitehead disse sobre como o pensamento profissional sério está preso em um sulco, enquanto outros aspectos da vida são tratados de maneira superficial. A resposta de muitos cientistas é tão superficial quanto eles afirmarem que não têm culpa se a sustentabilidade não era uma preocupação pública, uma vez que eles não podem se responsabilizar pela maneira como a "sociedade" decide usar o que eles produzem. Essa é a típica resposta da galinha. Como de costume, ela ignora o fato de que o dito uso irresponsável de seus produtos nunca impediu que cientistas acadêmicos associassem o progresso científico ao progresso social; que se juntassem aos insultos de "volta à caverna"; que apresentassem sua ciência como oferecendo, enfim, soluções racionais a problemas de interesse geral; ou ainda que tratassem as objeções por meio de uma simples oposição entre ciência e valores – como se todos os aspectos de uma situação concreta com a qual eles não estão equipados para lidar pudessem ser reduzidos a uma questão de valor! Falando de maneira polida, não temos memória de um protesto coletivo de cientistas escandalizados, denunciando publicamente qualquer de seus colegas por nutrir tais pretensões.

Porém, a ciência lenta não tem a ver, mas nada mesmo, com a galinha se tornar uma inteligência onisciente, capaz de ver as consequências das inovações que sua ciência torna possível. Antes, ela coincide com a aparentemente modesta definição dada por Whitehead do que as universidades deveriam cultivar: pensamento racional e modos civilizados de apreciação. Pensamento racional significaria ser ativamente lúcido a respeito do que é de fato sabido, evitando qualquer confusão entre perguntas que podem ser respondidas em um ambiente purificado e constrito e aquelas que inevitavelmente aparecerão num ambiente mais amplo e bagunçado. Um modo civilizado de apreciação implicaria nunca associar o que é bem controlado e limpo a algum tipo de verdade que transcende a bagunça. Aquilo que a ciência rápida vê como bagunçado nada mais é que a irredutível e inerente interação de processos, práticas, experiências e modos de saber e valorizar que compõem nosso mundo comum.

Esse pode ser o desafio ao qual a ciência lenta deve responder, tornando os cientistas capazes de aceitar que aquilo que é bagunçado não é defeituoso, mas apenas algo com que precisamos aprender a viver e pensar. A simbiose da ciência rápida com a indústria vem privilegiando estratégias e conhecimentos desconectados e abstraídos das complicações bagunçadas deste mundo. Mas, ao ignorar a bagunça, e sonhando com sua erradicação, descobrimos que bagunçamos ainda mais nosso mundo. Desse modo, eu definiria a ciência lenta como a operação exigente que *retomaria*[8] a arte de lidar e aprender com aquilo que os cientistas frequentemente consideram bagunçado, isto é, aquilo que escapa às categorias gerais, ditas objetivas.

O termo "retomar", tal como usado por ativistas estadunidenses, se refere a operações de cura que se reapropriariam daquilo de que fomos separados, recuperando ou reinventando aquilo que a separação destruiu. Retomar sempre começa com aceitar que estamos doentes – não que somos culpados –, e entender como nosso ambiente nos deixa doentes. Dessa perspectiva, podemos levar em conta a maneira como as universidades, antes tão orgulhosas de sua autonomia, aceitaram, em nome do mercado, o imperativo da competição e da avaliação comparativa. Ou a forma como os pesquisadores aceitaram, sem muita resistência, a redefinição da pesquisa feita pela economia do conhecimento. Sejam quais forem as explicações que possamos oferecer, todas apontam para a profunda vulne-

---

8 "Retomar", assim como "retomada", traduz o termo em inglês *"reclaim"*, que Stengers utiliza tanto em francês quanto em inglês, inspirada pelas bruxas e ativistas neopagãs do *Reclaiming Collective*, sobretudo na escrita e prática da pensadora e bruxa Starhawk, nascida em 1951. *Reclaim* é uma palavra rica em significados e traduções, que, a depender do contexto, podemos compreender como retomar, reapropriar, reativar, reivindicar, recuperar. Optou-se neste livro pela adoção consistente da tradução "retomar" e "retomada", por abarcar uma multiplicidade dos sentidos de *reclaim*, ao mesmo tempo em que remete ao movimento político, liderado hoje principalmente por indígenas, de retomada de terras, nuance também presente na língua inglesa. (N.T.)

rabilidade daquilo que antes nos dava tanto orgulho – e o arranjo que promoveu a ciência rápida e desconectada como um modelo de pesquisa científica nos deixou doentes demais para defendê-lo. Fazendo o papel da galinha, os pesquisadores aceitaram uma posição que exigia que ignorassem o fato de que para conquistar, destruir e objetificar cegamente nunca foi preciso conhecimento confiável. Agora, porém, eles entenderam que a competição geralmente é indiferente a conquistas como a produção coletiva de conhecimento confiável. O que ela exige, ao invés, é "flexibilidade": cientistas que aceitem que o conhecimento que produzem é bom o suficiente apenas se leva a patentes e satisfaz as partes envolvidas.

Pode ser que, se tivéssemos que contar a história de como os cientistas e acadêmicos foram incapazes de defender as condições que lhes permitem existir, teríamos de narrar como eles foram finalmente vítimas da mentira que os tornou modernos, a qual lhes permitiu reivindicar uma autoridade geral ao mesmo tempo em que a especificidade de suas práticas perdia proeminência.

Operações de retomada nunca são fáceis. Se retomar a pesquisa científica significa reconectar as ciências a um mundo bagunçado, não se trata apenas de aceitar o mundo enquanto tal, mas de fato apreciá-lo; aprender como cultivar e fortalecer, nas palavras de Whitehead, "os hábitos de apreciação concreta dos fatos individuais na plena interação dos valores emergentes".[9] Como já enfatizei, isso não implica evitar a especialização e a abstração, que possuem, obviamente, um valor em si mesmas. A apreciação concreta, porém, não significa apenas deixar de tratar como mero resto aquilo de que nossas abstrações abstraem,

---

9 A. N. Whitehead, *Science and the Modern World*, Nova York: The Free Press, 1968, p. 246. [Ed. bras.: A ciência e o mundo moderno. São Paulo: Paulus, 2006.]

ou deixar de nos livrar desse resto por meio de um julgamento. Precisamos também aprender como ativamente situar nossas abstrações naquilo que Whitehead chama de interação dos valores emergentes. Retomar nunca é somente uma questão de boa vontade, de um beijo pacificador que transforma o sapo decepcionante em um príncipe simpático, bem-educado e construtivo. É preciso aprendizado para interessar-se pelo próprio sapo, isto é, pela bagunça de que todos participam, cientistas inclusos.

Aqui, novamente, nos deparamos com o conhecimento radicalmente assimétrico desenvolvido sob o modelo da ciência rápida. Sabemos muito sobre desenvolver tecnologias materiais, e também as ditas imateriais, mas quando se trata de técnicas muito mais antigas – o tipo necessário quando as pessoas estão divididas sobre um assunto e precisam aprender umas com as outras por meio de suas discordâncias –, nós não somos muito bons nisso, pois perdemos o que sabíamos outrora, o que outros povos chamariam de civilização. Pense, por exemplo, na tecnologia presente naquilo que está se tornando um imperativo de comunicação, a apresentação em PowerPoint, e a maneira como ela possibilita que alguém apresente seu argumento de maneira impactante, esquematizada e transparecendo autoridade. Em *bullets*,[10] ainda por cima (escute essa palavra...).

Pense também no tédio, com o qual estamos todos acostumados, causado por escutar silenciosa e pacientemente um caro colega que fala por uma hora. Temos nossos departamentos de psicologia, psicologia social, pedagogia etc., mas não aprendemos

---

10 *Bullets*, também *bullet points*, é o termo em inglês para pontos ou marcadores que formam uma lista, recurso comum em apresentações de PowerPoint e outros documentos. A autora faz uma associação com a palavra homófona em inglês *bullet*, que significa em português munição, a bala de uma arma. (N.T.)

nem mesmo uma fração do que ativistas engajados em operações de retomada precisam aprender quando querem trabalhar juntos com outros sem impor sua autoridade. Eles aprenderam a considerar cada reunião como o que eu chamaria, seguindo Whitehead, de um "fato individual", isto é, dependente da interação dos valores emergentes – os quais podem emergir apenas porque os participantes aprenderam como permitir que a questão que os reúne tenha o poder de importar, o poder de conectar todos os presentes.

Produzir conhecimento sobre esses fatos individuais exige, sem dúvida, uma abordagem que não se conformará ao modelo da ciência rápida. Momentos em que valores emergem não podem ser desconectados e, em seguida, submetidos a categorias gerais; por exemplo, o momento em que alguém se sente transformado ao ter entendido a perspectiva de outra pessoa; ou a reunião que descobre o poder transformador do pensamento coletivo de seus participantes; ou a experiência de que algo que até agora parecia insignificante pode, na verdade, ser importante. Momentos assim vêm sendo tratados superficialmente, com categorias inapropriadas derivadas do imperativo da reprodutibilidade. Eles vêm sendo julgados inadequados para o conhecimento, ou pior, relegados ao irracional e, desse modo, não têm sido considerados merecedores de nossa atenção. Mas é possível que a abordagem precise ser um pouco diferente, que aquilo que temos de aprender não é como defini-los, mas sim como cultivá-los. Precisamos descobrir o que os apoia e sustenta e o que os bloqueia e envenena, para ganhar algo como o conhecimento lento do jardineiro, em oposição ao conhecimento rápido da agricultura industrial "racionalizada". Nesse sentido, o tipo de conhecimento produzido em nossas universidades está, de fato, radicalmente fora de equilíbrio, e estamos todos pagando o preço disso.

Novamente, retomar significa, antes de tudo, reconhecer que estamos doentes e precisamos nos curar. A ciência lenta não fornece uma resposta pronta – ela não é uma pílula. Ela é o nome para um movimento em que muitos caminhos de recuperação podem se encontrar. Quanto a nós, acadêmicos, que tal começarmos a fazer reuniões lentas, isto é, reuniões organizadas de modo que a participação não seja apenas formal? Que tal promover palestras lentas, não apenas convidando pessoas que realmente queremos ouvir, mas também lendo e discutindo previamente, de modo que o encontro não seja reduzido ao ritual de assistir a uma apresentação preparada que termina com algumas perguntas banais? Quando nossos colegas falam ou escrevem sobre questões que vão além de seu campo de especialidade, que tal pedirmos que eles apresentem as informações, aprendizados e colaborações que permitiram que eles o fizessem? Quando especialistas são necessários em uma questão de preocupação comum, que tal nos assegurarmos que outros coespecialistas estejam presentes e aptos a representar efetivamente as muitas dimensões relevantes da questão? Do ponto de vista dos cientistas rápidos, todas essas propostas possuem um defeito comum: elas envolvem perder tempo ou, pior, romper a relação simbiótica que ata o "verdadeiro progresso" à inovação industrial.

Essas são apenas sugestões, e devo admitir que passei muito mais tempo falando sobre a ciência rápida do que sobre o que seria a ciência lenta. Junto àqueles que, hoje, insistem que "uma outra ciência é possível", o meu trabalho, como filósofa, é tentar ativar a imaginação, o que envolve ir além da atual mobilização da pesquisa, chamada de economia do conhecimento, para examinar as consequências da mobilização mais antiga. O poderoso domínio dessas consequências sobre nossos recursos imaginativos deve ser desafiado.

Tentei questionar o que vem sendo chamado de "autonomia", vendo-a como um presente envenenado. O nome desse veneno é progresso, mobilização para o avanço do conhecimento como um fim em si mesmo, e sua consequência é o contraste extraordinário entre, de um lado, a cooperação imaginativa e exigente entre colegas para quem a fiabilidade é o valor primordial e, do outro, a maneira fácil e arrogante com a qual esses mesmos colegas desprezam ou ignoram o mundo, reduzindo-o a um campo de operação para o progresso racional.

Desafiar a mobilização – que divorcia os cientistas de seu poder de pensar, imaginar e conectar, que define tudo que os desaceleraria como *necessariamente* secundário, já que o que seria desacelerado é o progresso – implica repensar e reinventar as instituições científicas. No entanto, quero agora abordar a questão por um outro ângulo, sem pré-definir essa reinvenção, o que não é minha tarefa como filósofa, mas ativando outra imaginação complementar, que diz respeito àqueles campos acadêmicos sem ovos de ouro, isto é, as humanidades.

Já ouvi muitas vezes que falta reflexividade aos cientistas dos ovos de ouro, mais especificamente a reflexividade crítica cultivada pelas humanidades. Até mesmo ouvi que, se as humanidades são subfinanciadas hoje em dia, é porque a reflexividade crítica deve ser controlada, uma vez que apresenta uma ameaça à mobilização. Minha posição, porém, é que talvez essa reflexividade também precise ser reapropriada como parte do problema mais do que da solução, ao menos na medida em que também define a si mesma como algo que falta aos "outros", o que garante, assim, a autoproclamada posição privilegiada das humanidades: eles acreditam, mas nós sabemos; e sabemos cada vez mais e mais com cada nova virada teórica.

Minha posição não deve ser confundida com uma posição acrítica.[11] Mas pretendo, certamente, expressar minha profunda frustração com a relação quase constitutiva entre reflexividade crítica e suspeita, segundo a qual refutar e desconstruir aparecem como conquistas em si mesmas. Isso me parece uma mobilização de seu próprio tipo, sugerindo que deve ser mantida uma certa distância daquilo que outros apresentam como sendo realmente importante para eles.

Whitehead, conforme o citei acima, definiu a tarefa da universidade como *a criação do futuro, até o ponto em que o pensamento racional – e os modos civilizados de apreciação – possa ter um efeito.* Para dizê-lo em poucas palavras, a reflexividade crítica não me parece interessada em se perguntar como suas próprias intervenções podem "ter um efeito" sobre a situação. Frequentemente ela parece ser uma tentativa de compelir os outros – por exemplo, aqueles que levantam questões a respeito da criação de um futuro que vale a pena ser vivido – a reconhecer que estão atrasados em uma ou mais viradas teóricas. Será que a luta de Vandana Shiva contra as patentes e a industrialização da vida não está ignorando a virada antiessencialista? De todo modo, chamou-me a atenção que a assustadora questão das mudanças climáticas tenha se tornado atualmente um tópico muito popular entre os pensadores críticos, sob o tema do "Antropoceno". Muitas viradas teóricas rivais estão em gestação, caçando novos bodes expiatórios, incluindo quaisquer colegas que possam ser associados ao "antropocentrismo" por terem ignorado o desafio teórico de lidar com nossa espécie como uma "força geológica". É bem possível que muitos desses pensadores

---

11 Em "Experimenting with Refrains: Subjectivity and the Challenge of Escaping Modern Dualism", *Subjectivity*, 22 (2008), p. 38–59, propus uma distinção entre crítica e discriminação, duas palavras com a mesma raiz etimológica.

críticos pensem que as lutas ambientais, políticas e sociais de muitos ativistas são irremediavelmente "antropocêntricas".

Retomar o pensamento racional, liberando-o da mobilização, e retomar modos civilizados de apreciação, liberando-os da tentação de distinguir-se de outros que precisam ser iluminados (seja qual for a luz que um campo acadêmico reivindique prover), é claro, não bastam. Precisamos também retomar a incógnita que figura na definição de Whitehead: "até o ponto em que [aquilo que retomamos] possa ter um efeito", isto é, possa afetar outras lutas que pretendem criar um futuro que valha a pena ser vivido. Eu diria que isso não é uma questão de reflexividade. Ao contrário, isso requer o que chamo de uma "ecologia de conexões parciais", que exige que aprendamos uns com os outros, sendo transformados pelo que é aprendido, reconhecendo nossa dívida para com essa experiência transformadora, ao mesmo tempo em que investigamos com nossos próprios termos seus impactos problematizadores.

Fazer conexões parciais significa, antes de tudo, aceitar ser situado. Operações de retomada, sejam elas realizadas por ativistas, acadêmicos, camponeses indianos, feministas ou outros, são sempre particulares e parciais porque são situadas, partindo do exato ponto onde fomos humilhados, isto é, separados da nossa capacidade de pensar, sentir, imaginar e agir. Essa é justamente a razão pela qual os participantes precisam uns dos outros e podem se conectar uns com os outros; ou melhor, precisam aprender *como* se conectar uns com os outros para aprender e tirar novas consequências das experiências uns dos outros.

É por isso que, citando *Mil platôs,* de Deleuze e Guattari, eu diria que operações de retomada nos falam de "um povo ambulante de revezadores, em lugar de uma cidade modelo".[12] Em referência a William James, eu diria que sua lógica é a da criação de um pluriverso ou, nos termos de Mario Blaser, do tecer algo que sempre será mais do que um e menos do que muitos.

O teste, aqui, pode muito bem ser se somos capazes de retomar, para aquelas ideias que nos fazem sentir e pensar, a capacidade de "adicionar" algo à realidade, ao invés de considerar ideias e conhecimento em termos de verdade, explicação e objetividade. Passar adiante nunca é "refletir sobre", mas sempre "adicionar a" e, assim, comunicar-se com o que James definiu como a "grande pergunta" associada ao pluriverso em processo: aquilo que passamos adiante, "com nossas adições *aumenta ou diminui em valor?* As adições possuem *valor ou não?*"[13]

Essa é, de fato, uma pergunta desafiadora: ela exige, como diz Haraway, que se consinta à "responsabilidade", no sentido que ela dá ao termo; aceitando que aquilo que adicionamos faz diferença no mundo; e tornando-se capaz de responder pela especificidade dessa diferença. Como, ao fazer isso, lançamos nossa sorte com alguns modos de vida e não outros? Deveria ser evidente que lançar nossa sorte não exclui formular questões de interesse crítico, mas esse interesse deve poder ser compartilhado com as pessoas interessadas, deve poder adicionar novas dimensões ao objeto de sua luta. Assim, a questão de interesse deve exibir aquilo que se aprendeu com todos eles, em lugar de anunciar o interesse acadêmico geral, isto é, criar a distância que nos autoriza enquanto acadêmicos.

12　G. Deleuze e F. Guattari, *A Thousand Plateaus*, trad. Brian Massumi, Minneapolis: University of Minnesota Press, 1987, p. 377. [Ed. bras.: *Mil platôs: capitalismo e esquizofrenia*. São Paulo: Ed. 34, 1997, v. 5, p. 47.]
13　W. James, *Pragmatism: A New Name for Some Old Ways of Thinking*, Nova York: Longman Green and Co., 1907, p. 98.

Passar adiante é apenas um exemplo. Indo além dele, estou convencida de que retomar, para nós acadêmicos, exige que aprendamos coletivamente a pensar com a pergunta de James: o que nossas ideias adicionam àquilo em que elas intervêm (ou de que se aproveitam)? Longe de lutarmos para manter nossos antigos privilégios, deveríamos ousar pensar com a possibilidade de que somos capazes de fazer adições valiosas ao tecido das situações, o que possibilitará a resistência contra a barbárie por vir. Essa talvez seja a versão mais exigente do que chamei, com James, de uma opção genuína, o desafio de consentir ou fugir. Descrevi a definição de Whitehead da tarefa da universidade como vulnerável ao escárnio. Aqui, precisamos encarar e sentir o escárnio dentro de nós, a triste vozinha que sussurra "quem você pensa que você é?". E essa é uma voz que, muito facilmente, assume o modo de falar da crítica reflexiva.

A pergunta de James é um teste, e consentir a ele significa, primeiramente, levar a pergunta a sério, sabendo ao mesmo tempo que nenhuma teoria ditará ou autenticará a resposta e que não é o trabalho de ninguém fazê-lo. O valor de uma adição, ou mesmo a possibilidade de dar qualquer valor a uma adição enquanto tal, não é, no entanto, uma questão de fé cega. Não se trata de silenciar a voz crítica como com um "Sim, nós podemos!" retumbante de Obama. Consentir ao teste significa, antes de tudo, medir o quanto precisamos aprender para escapar desta alternativa infernal: sentir-se autorizado ou confiar na fé cega.

Ativistas podem, de fato, nos ajudar. Tenho em mente aqui, por exemplo, as operações de retomada das ativistas neopagãs e os rituais que elas experimentam de modo a se tornarem capazes de fazer o que chamam de "o trabalho da deusa". Mas podemos também pensar nos rituais *quaker*. Os *quakers* não tremiam diante de seu Deus, mas diante do perigo de calar a experiência que revelaria o que estava sendo pedido deles em uma situação particular, diante do perigo de responder àquela situação em termos de crenças e convicções pré-determinadas. O que é crucial em ambos os casos não é, me parece, a crença em alguma inspiração sobrenatural da qual podemos nos permitir rir. O que é crucial é a eficácia do ritual, uma eficácia estética, potencializando o que Whitehead chamou de "apreciação concreta dos fatos individuais na plena interação dos valores emergentes"; ou a apreciação desta, sempre desta, situação concreta, acompanhada pelo halo do que pode vir a se tornar possível.

Podemos entender essa eficácia nos termos do que Deleuze e Guattari chamaram de um "agenciamento", lembrando que, para eles, a maneira de pensarmos e sentirmos a existência consiste no nosso modo próprio de participar em agenciamentos. O canto ritualístico entoado pelas bruxas em retomada[14] – "Ela muda tudo o que toca, e tudo o que Ela toca muda" – poderia ser comentado em termos de agenciamentos talhados para resistir ao desmembramento da atribuição de agência. A mudança pertence à deusa como "agente" ou àquele que muda quando é tocado? A primeira eficácia desse refrão, porém, está no "Ela toca". Resistir ao desmembramento não é algo conceitual. É parte de uma experiência que afirma que o poder de mudar NÃO deve ser atribuído a nós mesmos nem ser reduzido a algo "natural" ou "cultural". É parte de uma experiência que honra a mudança como uma criação. Além disso, não se trata de comentar. O refrão deve ser cantado; ele é uma parte intrínseca da prática de adoração.

---

14 *"Reclaiming witches"*, traduzido aqui como "bruxas em retomada", faz referência ao coletivo neopagão de mesmo nome fundado por Starhawk e Diane Baker nos anos 1970-80 em São Francisco. Stengers faz uma série de referências ao pensamento de Starhawk neste livro e em sua obra. (N.T.)

Não se trata, portanto, de teorizar sobre agenciamentos, mas aceitar que nós mesmos fazemos parte de agenciamentos acadêmicos que nos induzem e estimulam a comentar e dissecar criticamente. Levar a sério a pergunta de William James pode muito bem pedir que aprendamos a viver sem a proteção de tais agenciamentos e que criemos novos: agenciamentos como iscas, atraindo-nos em direção ao que Whitehead chamava de apreciação concreta. Como um ato de desafio, talvez devêssemos, quando falamos da eficácia de tais agenciamentos, ousar utilizar a palavra que as bruxas em retomada utilizam: magia.

No entanto, nós, que não somos bruxas, não precisamos imitar a sua arte. Aquilo que elas exploram não é uma rodovia na qual devemos entrar com pressa e entusiasticamente, como se fosse mais uma dessas famosas viradas acadêmicas. Seja qual for a maneira como retomamos a capacidade de honrar a mudança, ela deve resistir à pressão que vem de *dentro* da academia: aquela feita por nossos caros colegas que nos acusarão de não estarmos sendo objetivos ou críticos o suficiente, ou a das revistas acadêmicas que insistem na necessidade de respeitar suas normas, a necessidade de começar apresentando os "Materiais e Métodos" (ou, ainda, a Revisão de Literatura!). Eu proporia, então, que se nós, acadêmicos, desejamos retomar nossas práticas como algo valioso, precisamos também nos tornar ativistas em retomada à nossa própria maneira, inventando nossas próprias maneiras de responder à barbárie que ganha terreno todas as vezes que nos curvamos diante da necessidade, incluindo a necessidade de ou aceitar as regras do jogo ou ser excluído dele.

Mais uma vez, reconhecer que estamos infectados e que podemos estar espalhando a infecção não é uma questão de culpa a ser expiada, mas de aprender a criar meios de proteção. Temos que aprender, como as bruxas fizeram, a conjurar círculos que nos protejam de nosso meio insalubre e infeccioso, sem nos isolarmos do trabalho que precisa ser feito, das situações concretas que precisam ser enfrentadas. Nossa preocupação pragmática e empírica exigiria, então, cultivar, junto àqueles em quem confiamos, uma arte informada da deslealdade, a arte de desmontar discretamente os hábitos acadêmicos, de confundir o olhar dos inquisidores, de regenerar maneiras de honrar tudo o que nos faz pensar, sentir e imaginar.

Como enfatizei, cada operação de retomada é particular. Ou seja, cada uma precisa inventar seus próprios meios, criar seus próprios interstícios, suas próprias maneiras de se proteger e de fazer com que outros sintam que a resistência é possível. Talvez seja isso que devamos compor com colegas de confiança e ensinar a nossos alunos e alunas, ou àqueles estudantes em quem confiamos. Isso é também, aliás, o que os movimentos de resistência em luta aprenderam a fazer durante a Segunda Guerra Mundial na Europa. Esse, ao menos, é o tipo de história que deveríamos poder contar às crianças nascidas neste século quando elas perguntarem "você sabia, o que você fez?".

Conferência proferida em 5 de março de 2012 na Saint Mary's University, em Halifax, no Canadá, com o título "Cosmopolitics. Learning to Think with Sciences, Peoples, Natures".

CAPÍTULO 6

COSMOPOLÍTICA: CIVILIZAR AS PRÁTICAS MODERNAS

A INTRUSÃO DE GAIA

O título dado a este capítulo destaca uma palavra um tanto misteriosa e sugestiva: cosmopolítica. Mas uma outra palavra está ausente, pois os organizadores do evento no qual ela foi apresentada pela primeira vez temiam que pudesse dar uma impressão de *déjà vu* e suscitar mal-entendidos.[1] Essa palavra ausente é um nome: Gaia. E no entanto, é com Gaia que eu gostaria de começar, pois é sua intrusão que me situa hoje. Ela me obriga a evocar uma possibilidade que pode ser rejeitada duas vezes, com motivo. A própria ideia de "civilizar as práticas modernas" – que, em capítulos anteriores, associei à "desaceleração" delas – será rejeitada por aqueles que as consideram o sinônimo de civilização, portadoras de um futuro em que a humanidade inteira estará liberta das transcendências que a dividem e a colocam em guerra consigo mesma. Ela será igualmente rejeitada, porém, por aqueles que veem essas práticas como instrumentos de dominação e predação, e para quem a própria noção de sua possível civilização é uma ideia não apenas vazia, como também suspeita: isso não seria apresentá-las como

---

1 É por essa mesma razão que meu livro, publicado em 2009 na editora *La Découverte*, tem como título *Au temps des catastrophes* [Ed. bras.: *No tempo das catástrofes*, São Paulo: Cosac & Naify, 2015], e não *A intrusão de Gaia*.

"reformáveis", o que acabaria por "relativizar" seus crimes? Não espero, obviamente, reconciliar essas duas posições, de cuja contradição nos tornamos reféns; espero, antes, instaurar o espaço para uma reformulação possível dessas posições aparentemente irreconciliáveis. Um sonho impossível, dirão. Mas permitam-me fazer ecoar o grito que ajudou a fortalecer o feminismo: "as coisas realmente *poderiam ser diferentes!*". E esse grito, hoje, precisa ressoar à beira do abismo. Nomear Gaia é nomear um futuro que poderia enfim "reconciliar" nossas contradições, lançando num passado risível esse tempo, o nosso, no qual se travam disputas em torno da "civilização".

Comecemos, então, por esse nome, Gaia. O temor de que ele dê a impressão de "*déjà vu*" expressa bem um paradoxo de nossa época. Qualquer que seja o significado que damos a esse nome, ele deveria hoje estar associado a, ou matizado por, um sentimento de "*jamais vu*": algo que não poderíamos ter previsto, manifesto na expressão "verdade inconveniente". Trata-se de uma verdade cuja novidade radical precisa ser enfatizada o tempo todo, ao menos para "nós", que afirmamos a "grande divisão" que coloca de um lado "os povos", definidos pela maneira como supostamente projetam suas crenças sobre a natureza e, do outro, um "nós" que mais se assemelha a um "todos", o "todos" anônimo que "agora sabe", e o faz de uma maneira destinada a finalmente pôr em acordo a humanidade inteira. Foi-se o tempo em que esse "nós" podia se pensar livre para discutir sobre se a Terra deve ser definida como um conjunto de recursos disponíveis para nosso uso ou se deve ser protegida. "Nós" enfrentamos um poder devastador que subitamente fez intrusão nas histórias que contamos sobre nós mesmos, mas não somos capazes de compreender o que está acontecendo nem lhe conferir realidade. "Todos" sabem agora que será preciso aprender a compor com aquilo que pode se tornar um temível poder devastador fazendo uma intrusão repentina em nossas histórias.

O *"déjà vu"*, então, poderia muito bem designar a maneira como esse saber é posto em segundo plano, tornando-se um "sim, eu sei". Crises muito mais urgentes mobilizam a nossa atenção. Porém, a intrusão de Gaia não é uma crise, no sentido de permitir vislumbrar, com seu fim, o pós-crise. Ela será parte permanente de nosso futuro e suscita a pergunta: esse futuro será digno de ser vivido? Quanto ao temor do mal-entendido, ele certamente se deve ao fato de que dei um nome, como se fosse uma pessoa, a algo que os cientistas decodificam como um conjunto complexo de processos naturais. Trata-se de uma simples metáfora ou eu estou entre aqueles que "creem" que a Terra é um ser dotado de intenções, até mesmo de consciência? Nem uma coisa nem outra. Nomear é uma operação pragmática, cuja verdade jaz em seus efeitos. As mudanças climáticas e todos os outros processos que envenenam a vida sobre esta Terra, que têm como origem comum o que se chamou de desenvolvimento, concernem certamente a todos aqueles que a habitam, dos peixes às pessoas. Contudo, nomear Gaia é uma operação endereçada a "nós", que pretende suscitar um "nós" que não mais se portaria como o anônimo "todos". Nós somos aqueles que se orgulham de ter definido "a natureza" em termos de processos que, em conjunto, constituem o cenário para histórias primordialmente humanas – somos os que não podem negar sua responsabilidade pela intrusão de Gaia: somos, enfim, aqueles que criaram os meios de compreender e antecipar alguns de seus efeitos. Esse é um novo tipo de divisão, por assim dizer, mas uma divisão muito diferente da primeira, pois ela transforma o sentido da palavra "responsabilidade". Nós não estamos mais encarregados da responsabilidade de mostrar às pessoas o caminho que as tornará membros do grande "Todos" que, de agora em diante, "sabem". Nós somos responsáveis diante deles.

James Lovelock escolheu o nome Gaia para caracterizar esse ser que agora está sendo investigado com todo o poder dos centros de metodologia científica observacional e cálculo do mundo. Certamente (e infelizmente, para nós), Lovelock pode ter se enganado quando propôs que Gaia tinha o tipo de funcionamento estável que seria o de um organismo vivo. Hoje sabemos muito bem que o resultado global dos complexos acoplamentos não lineares entre os processos que a compõem, os quais sustentavam aquilo que por tanto temos tomamos como garantido, nunca foram estáveis, apenas metaestáveis, sujeitos a mutações globais brutais. Mas Lovelock estava certo ao propor que deveríamos aprender a nos dirigir a esse conjunto de processos como se fosse um ser individual, pois a forma como esse agenciamento responde a perturbações envolve uma coerência processual complexa e individualizada, irredutível a uma simples soma de modificações. É enquanto tal que Gaia nos interroga, nós que desencadeamos uma ameaça a tudo aquilo que tomávamos como garantido. E quem pode prever a diferença entre a catástrofe causada por um aumento de quatro graus na temperatura média e o cataclismo acarretado por um aumento de seis graus?

Assim, chamar esse ser de Gaia não é dar um outro nome para a Terra; tampouco Gaia deve ser confundida com a terra, nutriz que recebe o cuidado de tantos povos, ou com a Mãe cujos direitos primordiais alguns exigem que sejam reconhecidos e respeitados. Gaia não contradiz essas outras figuras, nem entra em rivalidade com elas. Ela adiciona uma outra figura, especificamente pertinente para nós que pertencemos a uma história que relegou essas outras figuras ao registro das crenças "puramente culturais". Mas Gaia também é o nome de uma divindade muito antiga, grega, mais antiga que os deuses e deusas antropomorfos das cidades da Grécia. Esta até poderia ser uma figura materna, mas não a de uma mãe bondosa e amável, e sim uma mãe temível a quem não se deve ofender. Ela era também uma mãe bastante indiferente, sem interesse particular pelo destino de sua prole. Essa Gaia antiga corresponde bem ao que chamo de Gaia hoje: "aquela que faz intrusão". Sua intrusão não é um ato de justiça ou punição, pois não é direcionada àqueles que a ofenderam. Em vez disso, coloca em questão o futuro de todos os habitantes da Terra – com a provável exceção encarnada pelas populações incontáveis de micro--organismos que, há bilhões de anos, são os efetivos coautores de sua existência contínua. Gaia é a figura de uma Terra de figuras múltiplas que não pede nem amor, nem proteção, apenas o tipo de atenção que convém a um ser potente que sente muitas cócegas.

Eu precisava começar falando de Gaia para situar minha abordagem, a qual caracterizo como inerentemente construtivista, pragmática e especulativa. A intenção não é adicionar um toque de mistério ao entreacoplamento intrincado de processos puramente materiais que os cientistas tentam decifrar. Gaia, como um poder implacável, desprovido de intenção, que responde cegamente às provocações imprudentes daquilo que chamamos de progresso, é sem mistério. Nomeá-la é, antes, dar um nome à novidade do acontecimento, à irrupção de uma nova forma de transcendência que deverá ser reconhecida por aqueles que outrora associaram a emancipação humana à negação de qualquer transcendência. Gaia, aquela que faz intrusão, cuja paciência já não podemos mais pressupor, não é o que trará a união de todos os povos da Terra. Ela é aquela que especificamente questiona as fábulas e refrões da história moderna. Há aqui apenas um único mistério verdadeiro: trata-se da resposta que nós, que pertencemos a essa história moderna, seremos capazes de dar diante das consequências daquilo que provocamos.

Nosso tempo é eivado de confusão, ansiedade e perplexidade. Os poderes estabelecidos parecem ter escolhido – mas chegaram mesmo a escolher? – seguir em frente, como se o futuro devesse se resolver sozinho. A única resposta considerada por eles realista parece ser manter o curso, seguir na luta por crescimento via competição, confiando que alguma solução tecnológica em associação com um capitalismo "verde" tome conta de Gaia. Não me alongarei sobre isso aqui; apenas quero enfatizar que, do ponto de vista da lógica capitalista, a intrusão de Gaia oferece, de fato, novas e interessantes possibilidades – mais precisamente, é uma fonte de múltiplas novas oportunidades a explorar. Mas me pergunto como alguém pode realmente esperar que essa lógica oportunista nos salvará do desastre social e ecológico. Tal esperança é alimentada, na verdade, pelo desespero: já que é impossível agir de outro modo, *temos que* depositar nossa confiança no capitalismo.

Tal esperança desesperada é uma tentação real, pois permite continuar a viver e pensar de modo usual em uma situação na qual nada do que podemos vislumbrar parece estar à altura do desafio. Mudar de trajetória em escala planetária é, em si, uma tarefa gigantesca, que fica especificamente mais difícil hoje, quando o que prevalece em todos os níveis é o imperativo da competitividade, isto é, a guerra econômica que cada um deve empreender contra todos os outros. É por isso que alguns dos que nos governam e não acreditam no "capitalismo verde" podem concluir que é melhor esperar o momento em que seremos forçados a agir, confiando que encontraremos então uma solução.

Esse "esperar para ver" que caracteriza a confiança no efeito pedagógico e mobilizador de uma catástrofe futura que imporia uma mudança geral de orientação, me parece terrivelmente inapropriado. Meu temor é que, ao chegar a hora da mobilização, insistam para que nos sujeitemos às consequências nada palatáveis do que repentinamente adquirirá as feições de necessidades absolutas. A exploração do gás de xisto e a expansão da extração via *fracking* – tornadas necessárias, dizem, graças ao declínio das fontes convencionais de petróleo – são somente um tímido gostinho do que nos aguarda tanto do ponto de vista ecológico quanto social.

SEM GARANTIAS

Como William James costumava afirmar, nosso mundo não é uma obra acabada, portanto o agir no mundo deve estar dissociado da certeza e da exigência de garantias.[2] No entanto, salientava, sabemos que o que fazemos ou deixamos de fazer, a maneira como consentimos ou renunciamos à luta, são parte da fábrica do futuro. A intrusão de Gaia nos situa numa verdadeira opção jamesiana: uma opção que engaja, da qual não se pode escapar, pois não há posição neutra, pois se abster de escolher é escolher não fazer nada com o que nós sabemos. Confiar em um futuro incerto – mais que isso, improvável – em que valha a pena viver pode parecer uma tolice, mas não podemos evitar tal opção, pois não há lugar fora da alternativa entre consentir ou recusar o desafio endereçado a cada um de nós.

A opção jamesiana de consentir à luta não corresponde a um chamado geral à ação, ainda que possa incluir a participação em manifestações nas ruas e outros tipos de ações políticas lícitas ou não tão lícitas assim. Mais propriamente, ela exige que nos permitamos sentir o desafio como endereçado a nós enquanto acadêmicos, não enquanto "pessoas em geral". Pode haver quem

---

2 W. James, *La volonté de croire*, Paris: Les empêcheurs de penser en rond, 2005, p. 40-1. [Ed. bras.: *A vontade de crer*, São Paulo: Loyola, 2018.]

confie que nós, e os estudantes que capacitamos, estamos ativamente preocupados com o papel que podemos desempenhar na criação do futuro. Quando temos a experiência de sermos situados por essa confiança, podemos muito bem sentir que o futuro já começou. Mais que nos colocar no lugar de nossos filhos ou dos filhos de nossos filhos, talvez possamos vislumbrar uma resposta no presente para nossos alunos caso eles nos perguntem "O que vocês estão fazendo com aquilo que sabem? Como isso está modificando suas questões de preocupação?".

Se tal pergunta nos for dirigida, a resposta talvez seja que o que conseguimos pensar, imaginar, vislumbrar e propor estão mobilizados em outra direção. Podemos muito bem saber de Gaia, mas esperamos que o futuro não exija que desempenhemos qualquer papel, por menor que ele seja, já que estamos muito ocupados atendendo a incessantes demandas às quais agora precisamos nos conformar para sobreviver. Aqui não estou sequer me referindo à economia do conhecimento e ao imperativo de produzir conhecimento capaz de interessar aos jogos de guerra competitivos do mundo corporativo. Como sabemos, mesmo áreas acadêmicas que não produzem patentes estão agora submetidas ao imperativo geral da avaliação comparativa e obrigadas a aceitar o julgamento de um mercado acadêmico regido pela competição. Em suma, quaisquer que sejam as perguntas que a intrusão de Gaia imponha a nós, é bem possível que nossas instituições de pesquisa estejam muito mal equipadas para formulá-las ou mesmo visualizá-las.

Também sabemos que os mesmos processos desempoderadores estão em ação onde quer que seja. Por toda parte há uma proliferação de cortes similares, amputações de nossa capacidade de conceber, sentir, pensar e imaginar. Se há hoje uma luta com a qual todos devemos *consentir*, no sentido que James dá ao termo, ela pode muito bem ser a luta para retomar tal capacidade, ou mesmo a capacidade de vislumbrar a possibilidade de reativá-la. No entanto, não há retomada em geral. Operações de reativação são iniciadas no limite do insustentável, onde cada prática foi humilhada, separada de seu poder de fazer os praticantes pensar e imaginar. Deposito minha confiança na pluralidade das operações de retomada e nas maneiras como podem se conectar, tecer relações e aprender umas com as outras.

No que diz respeito às práticas que chamo de modernas – já que elas definem a si mesmas em termos de conquista de conhecimento e da missão de civilizar outros –, sei que alguns acadêmicos críticos se sentem desconfortáveis com a ideia de reivindicar e protestar, na medida em que não mais endossam esse empreendimento conquistador e missionário. Mas não basta simplesmente rejeitar as ideias que têm abençoado tal empreendimento. Ao se refugiar em jogos pós-modernos puramente acadêmicos e inconsequentes, o que pode acabar permanecendo é a ironia, a perplexidade e a culpa.

Se nossas práticas hão de ter um papel na reativação da capacidade de responder às consequências da intrusão de Gaia, proponho que não apenas abandonem a ideia de uma história puramente humana de progresso e conquista, a qual é precisamente questionada por tal intrusão. Elas precisam também reativar uma definição diferente, positiva, delas mesmas e da civilização, de modo a reaverem sua relevância e se tornarem capazes de tecer relações com diferentes povos e naturezas.

Como vocês podem perceber, não me alinho à nossa situação acadêmica como a caracterizei, nem mesmo abordo a questão de retomar aquilo a que efetivamente renunciamos. Falo aqui como filósofa; mais precisamente, como uma filósofa europeia cujo modo de praticar filosofia já foi amplamente destruído na América do Norte: levando a sério as ideias e suas aventuras. Vejo minha proposta como um tanto irrisória, como é o caso de qualquer operação de reativação em particular. Mas não a vejo como inútil, porque ideias têm sua própria eficácia: envenenar ou ativar, fechar ou abrir possibilidades.

Ideias filosóficas certamente estiveram em ação no empreendimento moderno de conquista civilizatória. Elas foram mobilizadas particularmente para tornar a ciência moderna um modelo geral e emancipatório de objetividade, racionalidade e universalidade que, como tal, autorizava considerar as formas de ser e saber de outros povos como uma questão apenas de diversidade cultural. Esse modelo me pareceu uma mentira – talvez porque me tornei filósofa mantendo contato próximo com físicos. De fato, esses físicos estavam envolvidos numa aventura, tentando apaixonadamente construir suas próprias questões e responder problemas que eram próprios de seu campo de atuação; assim, de forma alguma tomavam parte de um suposto avanço consensual do conhecimento.

É por essa razão que minha contribuição às operações de reativação de que precisamos – uma contribuição que, espero, pode se conectar a outras – se pauta numa dupla confiança. Em primeiro lugar, confiança na aventura das ideias; aqui, centralmente, na aventura da ideia de civilização, que "realmente *podia ser diferente!*". E confiança de que cientistas, ou ao menos cientistas que veem com suas ciências como uma prática muito particular, seletiva e exigente, podemos nos tornar capazes de apresentar a nós mesmos dessa forma – isto é, capazes de reativar sua prática apartando-a da mentira que está em curso desde sua origem, desde que Galileu anunciou o evento que hoje identificamos como o nascimento da ciência moderna.

Para abordar brevemente este último ponto, podemos reconhecer Galileu como o descobridor da possibilidade daquilo que podemos chamar de um acontecimento. Pela primeira vez na história humana, foi dado a um fenômeno – a queda sem fricção de corpos pesados – o poder de atuar como uma testemunha confiável capaz de autorizar uma interpretação particular em detrimento de outras possíveis. Mas Galileu apresentou esta conquista de uma forma que dissimulou seu caráter seletivo e altamente exigente, sua irredutibilidade a qualquer generalização livre. Ele foi, de certa maneira, o primeiro "epistemólogo", na medida em que recrutou conceitos de origem filosófica para apresentar sua conquista como se ela desse início e ilustrasse um método geral voltado para a produção de conhecimento confiável baseado em fatos observáveis. Assim, por um lado, Galileu foi o precursor de uma aventura coletiva que une "colegas" que pensam apaixonadamente em termos de possíveis proezas experimentais, colegas que compartilham a necessidade de verificar se uma suposta testemunha confiável consegue resistir a suas objeções e fazê-los concordar, porque o futuro de seu trabalho depende de tal testemunha e das novas possibilidades que ela abre. Por outro lado, ele foi o primeiro a promover a autoridade geral e unilateral da ciência, impulsionando a conquista do mundo, estabelecendo o que realmente importa e o que não passa de crenças ilusórias, e assim dando sua benção para a destruição de incontáveis modos de relacionar, saber, sentir e interpretar.[3]

O poder de modernização vem se valendo da autoridade da ciência ao menos tanto quanto se vale das possibilidades abertas pelas proezas das ciências experimentais. A objetificação cega nunca precisou de conhecimento confiável. E hoje, quando os cientistas se tornaram ferramentas da economia do conhecimento, podemos afirmar que são vítimas da mentira que os fez

---

3 Para mais sobre esse tema, ver meu livro *La vierge et le neutrino: Les scientifiques dans la tourmente*, Paris: Les Empêcheurs de penser en rond, 2006.

modernos, da mentira que ocultou a estranha especificidade de sua prática. Sim, é uma prática deveras estranha essa a que Galileu deu início. Ela pode ser caracterizada como dependente de um "alistamento" de fenômenos muito particular, fenômenos que são convocados a aceitar desempenhar o papel de "parceiros" em uma relação bastante incomum e imbricada. De fato, eles não apenas devem responder perguntas, mas também, e antes de tudo, respondê-las de uma forma que permita verificar a relevância da própria pergunta.

Mal somos capazes de sonhar com outra história, na qual o traço comum disso que chamamos de Ciência seria o caráter exigente e específico do êxito científico – o compromisso de criar situações que conferem àquilo que os cientistas abordam o poder de fazer uma diferença crucial no *valor* de suas perguntas. Se o nome do jogo tivesse sido relevância, em vez de autoridade e objetividade, as ciências estariam associadas à aventura, não à conquista. Se o que a proeza experimental exige e pressupõe fosse levado em conta, ninguém teria pensado em fazer dela um modelo a ser disseminado. De fato, como estender uma prática que requer primeiro a separação daquilo que será recrutado como testemunha confiável e, em seguida, sua redefinição nos termos da pergunta que tal testemunha deve responder, pressupondo, assim, a indiferença intrínseca da potencial testemunha ao significado dessa pergunta? Em lugar de uma ideia geral de objetividade, teria-se gerado uma pluralidade positiva, radical, de ciências positiva e radical, com cada prática científica respondendo ao desafio da relevância associado a seu próprio campo.

Enquanto filósofa, tenho necessidade vital de tal sonho, de tal história contrafactual, para marcar a diferença entre a desconstrução crítica pós-moderna e uma operação de dissolução – equivalente ao que os químicos fazem quando usam ácido para dissolver misturas amalgamadas em produtos quimicamente ativos. Não desejo desconstruir o que tem sido chamado de Razão, Objetividade ou o Avanço do Conhecimento como forma de revelar, por exemplo, a máquina de conquista que ocultam. Com efeito, tal desconstrução, ainda que legítima, poderia justificar a conclusão de que a economia do conhecimento está apenas destruindo as ilusões dos cientistas, e isso tornaria impossível reconhecer seu ultraje, desespero e cinismo crescente, ou tratá-los como participantes potenciais em qualquer operação de reativação. Assim, ainda que seja justificada factualmente, a desconstrução é falha de uma perspectiva especulativa pragmática: do ponto de vista de seus efeitos, ela nos deixa um mundo mais desolado e vazio.

Por outro lado, a dissolução não deve ser confundida com a luta contra a alienação, com a liberação de cientistas aventureiros e inocentes dos poderes que os vêm subjugando. Os cientistas nunca foram inocentes; eles ativamente tomaram parte na construção contínua de uma fronteira assimétrica que protegeria sua autonomia e resistiria a intrusos, ao mesmo tempo oferecendo a eles a liberdade de deixar seus espaços protegidos para participar na redefinição de nossos mundos. Porém, como Donna Haraway insiste, a não inocência é algo que nossas práticas, sejam elas modernas ou as ditas tradicionais, compartilham. A questão de distinguir entre inocência e culpa deve ficar a cargo dos juízes. O que importa na verdade é a possibilidade de criar modos relevantes de coexistência entre práticas, tanto científicas quanto não científicas; é buscar maneiras relevantes de pensar junto.

Nesse ponto, tanto a desconstrução crítica quanto a economia do conhecimento têm sido desastrosas. A primeira provocou as guerras das ciências, levando cientistas furiosos a se mobilizar como defensores de uma Razão sob ataque. A segunda acarreta a produção de cientistas incapazes de prestar contas de suas escolhas a respeito do que importa e do que não importa, já que tais escolhas serão definidas pelos interesses a que eles servem. Aqui, novamente, acompanho o pragmatismo de William James, que dava uma importância primordial à produção das relações, a construção do que ele chamava de um pluriverso, chegando até a conceber a capacidade de produzir relações como um sinônimo de civilização.

Essa capacidade é bastante exigente. Ela restringe a maneira de se apresentar e, mais que isso, pensar a si mesmo. Os humanos raramente se apresentam a outros humanos como criaturas dotadas de polegares opositores, por mais crucial que essa característica lhes seja, mas uma cientista pode muito bem pensar que sua prática é objetiva e racional e, assim, apresentar a si mesma nesses termos. Fazê-lo pode soar um tanto insultante, já que implica que essas características distintivas estão ausentes em seu interlocutor. Mas a civilização, entendida como o cultivo de uma arte de fazer relações, também impede que tal arte se transforme a fábrica das relações em resultado "normal" de algo mais geral, como na ideia de racionalidade comunicativa de Habermas. O fazer-relações não consiste simplesmente no reconhecimento de que estamos ligados uns aos outros; ele é uma conquista. Ele implica o risco de falhar, a hesitação entre paz e guerra.

Dessa perspectiva, outros cientistas podem novamente servir de exemplo. O sucesso experimental é um caso, um caso muito específico, do fazer-relação entre seres humanos apaixonados e aquilo que talvez possa verificar a relevância de suas questões. Tais êxitos podem ser vistos como a criação de pontes entre seres heterogêneos dotados de modos radicalmente divergentes de se comportar, pontes que abrem novas possibilidades de ação e paixão para ambos os lados. Esses cientistas para quem essa prática de fazer-relação importa – isto é, que não estão a serviço de um "método científico" – sabem muito bem que ela seria destruída se as questões a serem respondidas lhes fossem impostas. Eles haviam antecipado essa possibilidade já na segunda metade do século XIX, alegando que a subjugação da pesquisa a interesses não científicos significaria matar a galinha que põe os ovos de ouro. A galinha precisa que lhe deixem em paz; ela não se responsabiliza pelo uso que fazem de seus ovos, apenas pede que seu próprio fazer-relação, tanto com seus colegas quanto com o que importa para ela e seus colegas, seja respeitado.

É claro que muitos cientistas têm estado – hoje mais que nunca – apaixonadamente engajados na criação de relações com os interesses industriais e do Estado. Nesses casos, a valorização dos ovos prevalece sobre o tipo de preocupação que caracterizaria uma ciência civilizada, a qual teria publicamente demonstrado que sua confiabilidade depende da fabricação social de colegas competentes interessados em testar e contestar seus resultados – resultados que também são, portanto, situados por essa fabricação social.

Cientistas civilizados seriam os primeiros a afirmar que tanto a confiabilidade de seus resultados quanto a competência de seus colegas objetores são relativas aos experimentos de laboratório bem controlados e experimentalmente purificados, o que requer ignorar fatores que podem ser importantes fora do laboratório. Eles reconheceriam, então, que qualquer que seja sua conquista, ela pode muito bem perder sua confiabilidade específica quando deixar a rede dos laboratórios de pesquisa. O único modo de recuperar a confiança seria, portanto, tecer novas relações próprias a cada novo ambiente e acolher novas objeções, não mais apenas dos colegas, mas também daqueles para quem esse novo ambiente é uma questão de preocupação ativa.

Novamente, essa história de ciência civilizada tem algo de sonho, exatamente como a história na qual a relevância teria sido o traço comum daquilo que chamamos de Ciência. Também novamente, o sonho consiste em dissolver a mistura amalgamada que nossa própria história produziu, na qual apenas determinadas questões são levadas em conta, ao passo que outras, consideradas resistência irracional e subjetiva ao progresso, são ignoradas. Precisamos, agora, reconhecer o resultado disso: até o advento da economia do conhecimento, os cientistas podiam muito bem defender a confiabilidade das reivindicações científicas, mas eram participantes ativos em um modo de desenvolvimento que, agora, somos forçados a reconhecer como radicalmente insustentável, e ainda mais hoje.

As duas histórias próximas do sonho que descrevi aqui servem para situar a ambição de reativar isso que é um dos objetivos da agora chamada "ecologia política", ela mesma uma resposta à radical insustentabilidade que provocou a intrusão de Gaia. Tais histórias jogam luz em três características da ecologia política, ao mesmo tempo que sinalizam uma limitação.

ECOLOGIA POLÍTICA

A primeira característica é que a ecologia política necessita "inserir as ciências na política", mas sem reduzi-las à política. Isso requer desenvolver plenamente, para cada questão, a pergunta política primordial: quem pode falar de que, ser porta-voz de que, representar o que, objetar em nome de quê? A própria invenção da demonstração experimental moderna pode então ser entendida como uma resposta particular a essa pergunta, uma resposta específica para a questão da fiabilidade do testemunho experimental. Reapropriar-se dessa prática enquanto tal, resistir à sua captura por um modelo geral de conhecimento racional e objetivo, significa que é preciso haver uma continuação da pergunta política em cada novo meio, o que exige novos porta-vozes e a incorporação de novas questões.

Para participar de tal negociação ecológico-política, como caracterizada, por exemplo, por Bruno Latour em suas *Políticas da natureza*,[4] os pesquisadores seriam convocados a apresentar o que eles sabem de um modo civilizado, um modo que situe abertamente esse conhecimento com relação às perguntas

---

4 B. Latour, *Politiques de la nature: comment faire entrer les sciences en démocratie*, Paris: La écouverte, 2004. [Ed. bras.: *Políticas da natureza: como associar a ciência à democracia*, São Paulo: Editora Unesp, 2019.]

precisas a que são capazes de responder. Eles precisariam, em outros termos, tornar esse conhecimento "politicamente ativo", submetendo-a uma avaliação coletiva das diferenças que tal conhecimento pode eventualmente fazer no modo de formular um problema e nas soluções previstas.

A segunda característica é bastante óbvia. É preciso escolher entre a ecologia política e a economia política, que chamei anteriormente de lógica capitalista. Eu caracterizaria essa lógica como intrinsicamente não civilizável, pois o que importa para ela não são possibilidades de relações, mas oportunidades de exploração. Poderíamos dizer que, antes de finalmente assumir o controle direto da pesquisa científica, a lógica capitalista explorou exaustivamente as oportunidades abertas não apenas pelos resultados científicos, como também pelas reivindicações científicas de objetividade e racionalidade em geral. Aos cientistas foi oferecida a possibilidade de serem galinhas produtivas, agentes inocentes de um desenvolvimento que eles próprios permitiram que se apresentasse como autorizado pela racionalidade.

A terceira característica, antes que eu comece a abordar a limitação da ecologia política, é a necessidade de resistir não apenas à economia do conhecimento, o que é evidente, mas também ao tipo de treinamento que os cientistas recebem segundo os parâmetros acadêmicos modernos, dominados pela forte oposição entre questões definidas como científicas e as que deveriam ser deixadas para a política, ou melhor, para a "ética" (que tomou o lugar da política). Expressões de boa vontade e o reconhecimento da boca para fora de assuntos éticos nunca produzirão cientistas capazes de se interessar pelas objeções de todas as partes interessadas numa questão, tampouco os fariam respeitá-las como respeitam as objeções de seus colegas. Isso não significa que os cientistas deveriam se tornar generalistas. Ao contrário, significa que eles deveriam cultivar uma atenção concreta e ativa do caráter muito especial e exigente de seu conhecimento e do modo como sua fiabilidade depende da distribuição entre o que eles definem como importante e o que pode ser ignorado. Adquirir e manter tal atenção concreta, entendendo-a como condição para a capacidade de entrar em novas relações, leva tempo, e esse pode ser o verdadeiro desafio aqui. Para cientistas educados nas instituições de pesquisa modernas, o que quer que exija desacelerar a mobilização é percebido como uma distração, um desvio de sua única verdadeira missão: fazer avançar o conhecimento. Precisamos, então, do mesmo tipo de mudança profunda proposta pelos movimentos de *slow food*.

Abordo agora a limitação da ecologia política e ao que chamei de cosmopolítica. Este nome me chegou como uma surpresa, quando de repente percebi que a própria ecologia política precisava ser civilizada. Eu estava tentando formular o que deveria ser pedido dos participantes reunidos em torno de uma questão desafiadora, de modo a dar a essa questão o poder de fazê-los pensar juntos, e cheguei à conclusão de que eles deveriam aceitar que o significado do que importa para cada um, ou aquilo de que cada um é o porta-voz, deveria ser determinado pelas relações tecidas através desse pensar junto. Mas então percebi que o que eu formulava não era outra coisa senão as condições do processo político tal como minha própria tradição o definiu, um processo que não admite nenhuma transcendência.[5]

5 I. Stengers, "The Curse of Tolerance", 1997, in *Cosmopolitics II*, traduzido por Robert Bononno, Minneapolis: University of Minnesota Press, 2011.

CIVILIZAR A POLÍTICA

A intrusão de Gaia é uma ameaça para todas as naturezas e todos os povos da Terra, mas ela também pode legitimar a exigência brutal de que todos os povos reconheçam que estão no mesmo barco, que aceitem apresentar o que sabem uns para os outros, mas de uma maneira que torna esses conhecimentos "ativos politicamente", passíveis de reinvenção política. O que chamo de cosmopolítica não é a solução para esta dificuldade, mas um nome para ela, um nome que convoca à invenção de modos de reunião que complicam a política ao introduzir a hesitação. Isso é o que Donna Haraway transformou em um lema para provocar o pensamento: permanecer com o problema.[6]

A cosmopolítica diz respeito a resistir à tentação de se apressar para concluir que a ecologia política é enfim a solução correta, a que colocará todos os povos da Terra de acordo, sob pena de serem excluídos com acusações de fanatismo e irracionalidade. A política, incluindo a ecologia política, precisa pensar em si mesma de uma forma civilizada. A cosmopolítica, assim, nada tem de programático; ela diz muito mais respeito a ativar o tremor de um susto passageiro durante uma situação em que

---

6   D. J. Haraway, *Staying with the Trouble: Making Kin in the Chthulucene*, Durham, NC: Duke University Press, 2016.

se poderia cair na tentação de acreditar ser suficiente dar voz a cada uma das partes interessadas: "estamos prontos para ouvir suas objeções, suas propostas, sua contribuição a essa questão que nos reúne". Eu sou filha do mundo que inventou a política, e a ecologia política me situa como pertencendo a este mundo. A cosmopolítica ainda pertence a este mundo particular, mas dobra sobre si mesma a questão que deve ser formulada politicamente, com a consciência de que algumas formulações podem avariar o próprio tecido de outros mundos. Podemos, com apetite, escutar os camponeses descrever os danos das práticas industriais e captar a importância das práticas de troca de sementes crioulas. No entanto, somos ameaçados pela tentação de prestar apenas uma atenção tolerante a aqueles que evocariam uma proibição ou um dever não negociável, interrompendo, assim, o processo político.

A cosmopolítica exige conceber a cena política de tal forma que o pensamento coletivo proceda "na presença" daqueles que pertencem a esses mundos e que correm o risco de não serem ouvidos porque se recusam a aceitar que o sentido daquilo a que estão vinculados será determinado pelo processo político. Eles podem ser desqualificados porque, em vez de contribuírem para o processo, estão impedindo a emergência de um acordo. O cosmos a que a cosmopolítica alude, assim, intervém como uma forma de "desacelerar", de resistir à ideia de que para todo mundo importa que uma posição correta seja alcançada, a qual deve ser aceita por todos os concernidos pela questão.

Poderíamos dizer que o cosmos, aqui, age como um operador de equalização, desacelerando as vozes políticas mobilizadas pelo acordo a ser talhado, imbuindo-os do sentimento de que nem todas as partes interessadas podem, querem ou são capazes de ter voz política. A equalização é, portanto, diferente da equivalência política que exige que todos tenham o mesmo a dizer sobre um assunto, algo equivalente. Ao contrário, ela requer que todas as partes concernidas estejam presentes de um modo que torne o acordo tão concreto, isto é, tão difícil, quanto possível, evitando todo atalho, toda simplificação, toda diferenciação *a priori* entre o que importa e o que não importa.

O cosmos da cosmopolítica deve, portanto, ser distinguido de qualquer cosmos ou mundo em particular, conforme concebidos por qualquer tradição em particular, ou de algo capaz de transcendê-los. Não há representante desse cosmos, ninguém fala em seu nome, e ele não diz respeito a nenhuma preocupação em especial. Seu modo de existência melhor se mostraria numa encenação artificial a ser inventada, cuja eficácia seria expor ao máximo as consequências das decisões tomadas.

Eu diria que um primeiro aspecto dessa encenação artificial envolve produzir uma distinção ativa entre as figuras do especialista e do diplomata. Chamo de especialistas aqueles que dão voz a uma posição capaz de aceitar as constrições do procedimento político – isto é, aqueles que são convocados a contribuir com uma decisão relevante e que representam um grupo que não se encontra existencialmente ameaçado por essa decisão, seja ela qual for e seja qual for a forma como sua contribuição é levada em conta nessa decisão. O papel dos especialistas exige, portanto, que eles se apresentem e apresentem o que sabem de uma forma que não determina como esse conhecimento será levado em conta. Em contrapartida, os diplomatas estão ali para dar voz àqueles cuja prática, modo de existência, mundo, ou o que comumente se chama de identidade podem ser ameaçados por uma decisão: "se tomar essa decisão, você nos destruirá." O papel dos diplomatas é, então, antes de tudo, obrigar os especialistas a considerar a possibilidade de que um curso de ação pretendido pode efetivamente significar um ato de guerra.

É importante enfatizar que a distribuição entre diplomatas e especialistas não é essencialista, mas relativa a cada situação. Isto é, ela reflete a posição de cada grupo interessado em relação à formulação da questão que os congrega. Mesmo cientistas podem precisar de diplomatas, já que seu mundo também pode ser destruído, como o está sendo pela "economia do conhecimento".

No entanto, essa distribuição pode ser um tanto insuficiente. Diplomatas estão vinculados à possibilidade da guerra, e o papel que desempenham implica que aqueles representados por eles são capazes de organizar alguma forma de consulta a respeito da proposta trazida pelos diplomatas, de modo a decidir entre o acordo e a resistência (ou guerra). A prática de consulta, a capacidade de determinar coletivamente o que é ou não aceitável, é uma prática exigente, que pode facilmente se tornar fator de discriminação. Como ficam, então, aqueles que poderia chamar de partes "fracas", que não podem ou não querem enviar diplomatas, aquelas que não têm porta-vozes, que não têm quem as defenda ou fale em seu nome? Eu sugeriria chamá-las de "vítimas", pois as vítimas precisam de "testemunhas", cujo papel é torná-las "presentes"; não negociando em seu nome, mas sim transmitindo o que a questão pode significar para elas. É seu papel denunciar qualquer minimização das consequências, toda anestesia quanto ao preço que os sem-voz podem ter de pagar em decorrência do jogo político disputado fora de seu alcance.

Tornar presentes as vítimas não oferece nenhum tipo de garantia, assim como a intervenção dos diplomatas. A cosmopolítica não tem nada a ver com o milagre das decisões que "colocariam todos de acordo." Ela diz respeito à exigência de que as decisões sejam tomadas com a mais viva consciência de suas consequências. Nenhuma decisão é inocente; o importante aqui é a proibição de ignorar, esquecer ou, pior, humilhar. Aqueles que se reúnem em torno de uma questão devem saber que nada apagará a dívida que liga sua decisão a eventuais vítimas dela. Como enfatizou Donna Haraway a respeito do sofrimento dos animais que são mortos em nosso benefício, o problema não deveria ser o de definir alguns deles como portadores de direitos, permitindo-lhes se beneficiar conosco da proteção oferecida pelo "não matarás." O problema deveria ser o de jamais presumir a legitimidade do sacrifício de nenhum deles: "não tornarás matável."[7] Aqui, poderíamos dizer: "não os definirás como dispensáveis".

Pode-se objetar que essa proposta consiste em mera ficção científica ou fabulação especulativa, incapaz de nos ajudar na urgente tarefa de enfrentar o desafio associado à intrusão de Gaia. Como já ressaltei, minha maior preocupação é com o que já está acontecendo agora, que se intensificará quando a urgência for finalmente reconhecida. Eu não sei – e ninguém sabe hoje – se e como seremos capazes de compor com Gaia, de responder àquilo que não é um desafio imposto por ela, mas pela intrusão que nós desencadeamos. Faço parte de uma geração que terá desaparecido na época em que essa questão será devidamente tratada. Mas tenho a convicção de que já podemos sentir o que se avizinha, o tipo de medidas duras que, nos dirão, precisarão ser aceitas por serem as únicas possíveis, mesmo quando colocam em xeque a possibilidades de vidas que valham a pena viver. Essa convicção me situa como parte de uma geração que pode ficar gravada na memória humana como a mais odiada. Nós sabíamos, e apenas nos sentimos culpados. Isso é

---

7 Op. cit., *When species meet*, Minneapolis: University of Minnesota Press, 2008, p. 80. [Ed. bras.: *Quando as espécies se encontram*, São Paulo: Ubu, 2022.]

o que me faz pensar em termos de resistência e reativação – ou, nos termos de Donna Haraway, regeneração.

Não se faz retomada ou resiste em geral. Minha forma de resistir e retomar pode até parecer irrisória, já que se baseia em ideias. No entanto, o poder das ideias não deve ser subestimado. A ideia de que pertencemos a uma tradição que está condenada a definir os outros povos como possuidores de meras crenças, ou que vê a natureza como mera fonte de recursos, é uma ideia muito contagiosa que vemos por toda parte. Ela inspira a culpa e envenena nossa capacidade de resistir, levando-nos, ao contrário, a nos identificar com a lógica capitalista que nos capturou. Quanto à ideia de cosmopolítica, sua eficácia, ainda que especulativa, consiste em nutrir a possibilidade de resistir e reativar o que essa captura sistematicamente destruiu ou envenenou. Não se trataria de transcender a particularidade da dita tradição moderna, mas pensar com essa particularidade, induzir a capacidade de imaginar a possibilidade de ela ser regenerada ou civilizada – o que não significa que deva ser universalizada. Ao contrário, significa pensar com seus próprios meios perigosos, específicos e nunca inocentes de tecer relações. Significa pensar com os recursos imaginativos, científicos e políticos que ela pode ser capaz de ativar, de modo a talvez nos tornarmos capazes de pensar com outros povos e naturezas.

Nós não sabemos se, ou como, poderemos compor com Gaia, mas não temos outra opção senão confiar que podemos fazer alguma diferença, por menor que seja; uma diferença que invoque outras diferenças acontecendo em outros lugares. O que apresentei aqui é apenas uma narrativa; enquanto tal, não devemos esperar que ela faça "a" diferença. Mas ela conclama outras narrativas para a composição de imaginações regenerativas e ligeiramente transgressoras. Tal composição pode realmente fazer uma diferença, ao trazer a possibilidade de compartilhar e cooperar – o que, embora não seja suficiente, talvez seja condição necessária para retomar um futuro no qual valha a pena viver.

OBRAS DE ISABELLE STENGERS

LA NOUVELLE ALLIANCE: MÉTAMORPHOSE DE LA SCIENCE. Em coautoria com Ilya Prigogine. Paris: Gallimard, 1986. (Folio Essais)

> *A NOVA ALIANÇA: A METAMORFOSE DA CIÊNCIA.* Em coautoria com Ilya Prigogine. Brasília: Editora Universidade de Brasília, 1997.

COEUR ET LA RAISON: HYPNOSE EN QUESTION DE LAVOISIER À LACAN. Paris: Payot, 1989.

> *O CORAÇÃO E A RAZÃO: A HIPNOSE DE LAVOISIER A LACAN.* Em coautoria com Leon Chertok. Rio de Janeiro: Zahar, 1990.

L'INVENTION DES SCIENCES MODERNES. Paris: Éditions La Découverte, 1993.

> *A INVENÇÃO DAS CIÊNCIAS MODERNAS.* São Paulo: Editora 34, 2002.

HISTOIRE DE LA CHIMIE. Em coautoria com Bernadette Bensaude-Vincent. Paris: Éditions La Découverte, 1993.

LA FIN DES CERTITUDES, Paris: Éditions Odile Jacob, 1996.

> *O FIM DAS CERTEZAS: TEMPO, CAOS E AS LEIS DA NATUREZA.* Em coautoria com Ilya Prigogine. Editora Unesp, 2011.

COSMOPOLITIQUES. Paris: Éditions La Découverte/Les Empêcheurs de penser en rond, 1997, 7 volumes (reeditado em volume único em 2022).

SCIENCES ET POUVOIRS. LA DÉMOCRATIE FACE À LA TECHNOSCIENCE. Paris: Éditions La Découverte, 1998.

> *QUEM TEM MEDO DA CIÊNCIA?: CIÊNCIA E PODERES.* São Paulo: Siciliano, 1990.

L'HYPNOSE ENTRE MAGIE ET SCIENCE, Paris: Éditions La Découverte/ Les Empêcheurs de penser en rond, 2002.

100 MOTS POUR COMMENCER À PENSER LES SCIENCES. Em coautoria com Bernadette Bensaude-Vincent. Paris: Éditions La Découverte/ Les Empêcheurs de penser en rond, 2003.

LA VIERGE ET LE NEUTRINO. QUEL AVENIR POUR LES SCIENCES? Paris: Éditions La Découverte/ Les Empêcheurs de penser en rond, 2006.

LA SORCELLERIE CAPITALISTE. PRATIQUES DE DÉSENVOÛTEMENT. Em coautoria com Philippe Pignarre. Paris: Éditions La Découverte, 2007.

AU TEMPS DES CATASTROPHES. RÉSISTER À LA BARBARIE QUI VIENT. Paris: Éditions La Découverte/ Les Empêcheurs de penser en rond, 2009.

    NO TEMPO DAS CATÁSTROFES. São Paulo: Cosac Naify, 2015. (Coleção EXIT)

LES FAISEUSES D'HISTOIRES. QUE FONT LES FEMMES À LA PENSÉE? Em coautoria com Vinciane Despret. Paris: Éditions La Découverte, 2011.

MÉDECINS ET SORCIERS. Em coautoria com Tobie Nathan. Paris: Éditions La Découverte/ Les Empêcheurs de penser en rond, 2012.

UNE AUTRE SCIENCE EST POSSIBLE! MANIFESTE POUR UN RALENTISSEMENT DES SCIENCE. Paris: Éditions La Découverte, 2013.

    UMA OUTRA CIÊNCIA É POSSÍVEL: MANIFESTO POR UMA DESACELERAÇÃO DAS CIÊNCIAS. Rio de Janeiro: Bazar do Tempo, 2023.

RÉACTIVER LE SENS COMMUN. LECTURE DE WHITEHEAD EN TEMPS DE DEBACLE. Paris: Éditions La Découverte/ Les Empêcheurs de penser en rond, 2020.

© Éditions La Découverte, 2013
© Isabelle Stengers, 2018, capítulos 4 e 5
© desta edição, Bazar do Tempo, 2023

Título original: *Une autre science est possible! Manifeste pour un ralentissement des science*

Todos os direitos reservados e protegidos pela Lei n. 9610, de 12.2.1998.
Proibida a reprodução total ou parcial sem a expressa anuência da editora.

Este livro foi revisado segundo o Acordo Ortográfico da Língua Portuguesa de 1990, em vigor no Brasil desde 2009.

EDIÇÃO Ana Cecilia Impellizieri Martins
COORDENAÇÃO EDITORIAL Meira Santana
COORDENAÇÃO DA COLEÇÃO DESNATURADAS Alyne Costa e Fernando Silva e Silva
TRADUÇÃO Fernando Silva e Silva
REVISÃO TÉCNICA Alyne Costa
COPIDESQUE Pérola Paloma
REVISÃO Joice Nunes
CAPA E PROJETO GRÁFICO Elisa von Randow
DIAGRAMAÇÃO Lila Bittencourt

CIP-BRASIL. CATALOGAÇÃO NA PUBLICAÇÃO / SINDICATO NACIONAL DOS EDITORES DE LIVROS, RJ

S850
Stengers, Isabelle, 1949-
Uma outra ciência é possível : manifesto por uma desaceleração das ciências / Isabelle Stengers ; tradução Fernando Silva e Silva. - 1. ed. - Rio de Janeiro : Bazar do Tempo, 2023. 216 p. ; 20 cm.
    Tradução de: Une autre science est possible! : manifeste pour un ralentissement des sciences, suivi de le poulpe du doctorat
    ISBN 978-65-84515-51-2
1. Ciências e sociedade. 2. Ciências - Aspectos sociais. 3. Tecnologia - Aspectos sociais. 4. Ciências - Filosofia. I. Silva, Fernando Silva e. II. Título.
23-85501   CDD: 501 CDU: 5:1

Meri Gleice Rodrigues de Souza - Bibliotecária -
CRB-7/6439

1ª reimpressão.

Rua General Dionísio, 53 - Humaitá
22271-050 Rio de Janeiro - RJ
contato@bazardotempo.com.br
www.bazardotempo.com.br

APOIO

COLEÇÃO
DESNATURADAS

A coleção Desnaturadas reúne trabalhos desenvolvidos por mulheres que ousam "desnaturalizar" saberes, relações, corpos e paisagens, fazendo emergir mundos complexos e novas perspectivas. Oriundas de diferentes campos das ciências e das humanidades, essas autoras, já renomadas ou jovens pesquisadoras, abordam alguns dos temas mais urgentes do debate contemporâneo, como a crise ecológica, o lugar das ciências nas sociedades atuais, a coexistência entre verdades e saberes modernos e não modernos e a convivência com seres outros-que-humanos. Desnaturadas constitui uma bibliografia essencial para conhecer o papel das mulheres na construção do conhecimento e nas lutas políticas de reinvenção das relações com e na Terra.

COORDENAÇÃO

Alyne Costa
Fernando Silva e Silva

Este livro foi editado pela Bazar do Tempo em agosto de 2023,
na cidade de São Sebastião do Rio de Janeiro, e impresso
no papel Pólen bold 90 g/m2. Ele foi composto com as
tipografias Favorit Pro e Bely, e reimpresso pela gráfica Margraf.

1ª reimpressão, abril de 2024